食品安全事故应急处置操作指南

邓泽元　符　艳　徐艳钢　主编

中国农业出版社

北　京

图书在版编目（CIP）数据

食品安全事故应急处置操作指南／邓泽元，符艳，徐艳钢主编 . —北京：中国农业出版社，2023.2
ISBN 978-7-109-30429-1

Ⅰ.①食… Ⅱ.①邓… ②符… ③徐… Ⅲ.①食品安全－安全事故－应急对策－指南 Ⅳ.①TS201.6-62

中国国家版本馆 CIP 数据核字（2023）第 027308 号

食品安全事故应急处置操作指南
SHIPIN ANQUAN SHIGU YINGJI CHUZHI CAOZUO ZHINAN

中国农业出版社出版

地址：北京市朝阳区麦子店街 18 号楼
邮编：100125
责任编辑：甘敏敏　张柳茵
版式设计：杨　婧　责任校对：吴丽婷
印刷：三河市国英印务有限公司
版次：2023 年 2 月第 1 版
印次：2023 年 2 月河北第 1 次印刷
发行：新华书店北京发行所
开本：700mm×1000mm　1/16
印张：13.5
字数：230 千字
定价：58.00 元

编审人员名单 >>>

主　编　邓泽元　符　艳　徐艳钢

参　编　丁　晟　黄振斌　龚晓红　李敬山　关晨炜

主　审　汪炳钦　黄振斌

序　言

　　食品安全是保障人类健康和社会稳定的重要基础。改革开放以来，我国经济社会发展取得了世界瞩目的成就，但以一次次公共卫生事件和食品信誉危机为标志的食品安全问题，是中国工业化进程中的沉疴新疾在食品领域的全面暴露，全社会为之付出了巨大代价。1988 年上海甲肝大暴发、2003 年安徽阜阳"大头娃娃"事件、2008 年中国奶制品污染事件、2011 年"瘦肉精"事件，以及近年来的"毒鱼""毒米"等食品安全事件，严重影响了人民健康、社会稳定、产业发展乃至国家形象。

　　民之所望，施政所向。党和国家历来高度重视食品安全问题，党的十八大以来，以习近平同志为核心的党中央站在新时代的历史起点上，以"食品安全既是重大的民生问题，也是重大的政治问题"定位食品安全，把食品安全纳入"五位一体"总体布局和"四个全面"战略布局中统筹谋划部署，在治国理政的伟大实践中，以习近平新时代中国特色社会主义思想为指导，坚持和加强党的全面领导，坚持以人民为中心的发展思想，坚持新发展理念，做出了实施食品安全战略的重大决策；遵循"四个最严"要求，建立食品安全现代化治理体系。2019 年 5 月，印发《中共中央国务院关于深化改革加强食品安全工作的意见》，这是首个由中共中央、国务院下发的食品安全工作纲领性文件，具有里程碑式意义。该意见明确了当前和今后一个时期做好食品安全工作的指导思想、基本原则和总体目标，提出了一系列重要政策措施，明确了"提高食品安全风险发现与处置能力"。

食品安全事故的发生往往是现实状态下食品安全社会治理中矛盾交织、风险暴露最直接的表象，处置不当后患无穷。相对于其他监管工作而言，食品安全事故调查处置，具有很强的政策性和很高的专业性，同时，还要各部门的通力合作。当下在食品安全事故调查处置过程中反映比较突出的问题有：一是不能及时查明食品安全事故发生的原因，为后续处置带来困难。尤其是大部制改革后，大量非专业的监管人员加入食品安全监管队伍，需要提高专业能力来胜任食品安全事故的调查处置职责。二是调查处置不及时，使事故影响扩大化，直接影响消费者身心健康。三是程序的不合法，极大地影响监管机构执法形象。四是部门合作不力，调查时各行其道，行政管理效率低下。五是法律法规标准缺乏。特别是《食物中毒事故处理办法》和《食物中毒诊断标准及技术处理总则》（GB 14938—1994）被废止后，新的调查处理办法和标准一直未出台，食品安全事故调查处置操作缺乏可执行的依据。

针对上述问题，为解决各级监管机构调查处置食品安全事故的现实需求，南昌市食品安全委员会办公室与南昌市市场监督管理局多次调研、组织专家共同研讨，委托江西省营养学会组织高校和一线监管专家学者，本着"合法性、规范性、科学性、新颖性、实用性、可操作性"的原则，编写了这本《食品安全事故应急处置操作指南》，通过基本理论知识解读、流程规范设计、文书统一编写、现场应急处置、行政控制与处罚、案例解析等内容，为各级各部门食品安全应急处置管理与技术人员提供理论和实操的指导和帮助。

　　本书不仅为各级食品安全监管人员、疾病预防控制专业技术人员提供了食品安全事故调查处置实用的操作指南，也为食品生产经营企业预防和处置食品安全事故提供了具体措施，同时也为广大消费者、美食爱好者提供了丰富的食品安全知识，是一本集知识性与实用性为一体的好书，也是食品和疾病预防控制相关专业学生的实战参考教材。

　　"江山就是人民，人民就是江山。"幸福的基础和前提是让"人民群众吃得安心，吃得放心"。希望全社会从事食品安全工作管理的人员能用好这本书，为保证人民群众"舌尖上的安全"，为贯彻党中央落实食品安全战略，为在新时代落实以人民为中心的执政理念，为实现"两个一百年"奋斗目标和中华民族伟大复兴的中国梦打下坚实的基础。

　　　　国家食品安全风险评估中心技术总师
　　　　世界卫生组织食品安全顾问兼食品
　　　　污染监测合作中心（中国）主任　　　　吴永宁

前　言

　　食品安全事故的应急管理是关系我国经济社会发展、人民群众生命和健康安全的大事，是构建和谐社会、健康中国战略的重要内容，是一项社会关注敏感、程序标准严格、技术要求高的食品安全社会治理的重点工作。

　　受南昌市食品安全办公室委托，江西省营养学会组织专家学者历时两年编撰《食品安全事故应急处置操作指南》，经过编撰团队的多次调研、讨论与交流，并征询江西省食品安全委员会办公室、江西省疾病预防控制中心、南昌大学医学院公共卫生学院、南昌市市场监督管理局、南昌市农业农村局、南昌市卫生健康委员会应急办、南昌市疾病预防控制中心等部门领导与专家的意见，通过了以南昌大学公共卫生学院徐群英教授为组长的专家组论证。将该书定位为政府食品安全应急管理机构、食品生产经营企业、食品安全监督管理人员、疾病预防控制机构专业技术人员、网络舆情监测人员以及食品生产经营者等食品安全事故处置相关的管理人员和专业人员使用的工具书。本书以《中华人民共和国食品安全法》及《中华人民共和国食品安全法实施条例》的规制要求为准绳，严格遵循"合法性、规范性、科学性、新颖性、实用性、可操作性"编撰原则，力争做到法律法规与监管运用相结合、基础理论与管理实践相结合、操作流程与处罚案例相结合，紧扣实用和针对性，力求准确、完整、详尽、科学，适用于指导和培训参与食品安全事故应急处置的各类人员的需求。

本书分为概述、应急预案、监测与预警、信息报告与发布、现场处置、事故的确定、舆情引导与风险交流、法律责任、实例分析与附录等内容。由江西省营养学会理事长、南昌大学邓泽元教授，副理事长徐艳钢教授，副秘书长符艳副教授，江西省疾病预防控制中心丁晟主任，南昌市市场监督管理局龚晓红科长、黄振斌主任，南昌市网信办舆情监测中心关晨炜，南昌市市场监督管理执法稽查局李敬山等共同编写。主要分工为：徐艳钢负责第一章第一节；符艳负责第一章第二、三节，第三章，第四章，第五章第三、四、五节，第六章第一、三节，第七章，第八章；黄振斌负责第二章；李敬山负责第五章第一节、第二节第一部分；丁晟负责第五章第二节第二部分；龚晓红、关晨炜负责第六章第二节；符艳、徐艳钢共同负责第九章；附录部分由相关内容撰稿人提供。全书由符艳负责统稿，徐艳钢负责统筹，邓泽元对全书内容进行了修改和补充。

在本书的编撰过程中，编者广泛收集素材，搜索大量文献，开展多次调研，借鉴参阅了一些同行专家的研究成果，还受到南昌市市场监督管理局汪炳钦副局长、黄振斌处长全程指导及帮助，在此向他们表示感谢。由于水平有限，虽做了严格的注释，但仍难免会挂一漏万，希望广大读者提出宝贵意见和建议。再次向江西省食品安全委员会办公室、南昌市食品安全委员会办公室、江西省市场监督管理局、南昌市市场监督管理局、南昌大学食品科学与技术国家重点实验室等单位领导的充分信任和支持表示感谢！

编　者

2022 年 9 月

目　录

第一章

食品安全概述

» 第一节　食品污染 «

一、食品污染概述

（一）食品污染的定义

食品污染指食品从原料的种植、生长、收获、加工、贮存、运输、销售到食用前整个过程的各个环节，某些有毒有害物质都有可能进入食品而对人体产生不同程度的危害或使食品的营养价值和质量降低。简言之，有毒有害物质进入正常食品的过程，称为食品污染。

（二）食品污染的分类

按污染的性质来划分，有生物性污染、化学性污染、物理性污染；按污染的来源划分，有原料污染、加工过程污染、包装污染、运输和贮存污染、销售污染。

1. 生物性污染

常见的生物性污染主要分为微生物污染和寄生虫污染。微生物污染主要是由细菌与细菌毒素、真菌与真菌毒素以及病毒污染造成的食品危害。其中细菌、真菌及其毒素对食品的污染最为常见，也最为严重。近年来由病毒污染食品引起的中毒，也日益受到人们关注，如轮状病毒、甲肝病毒。寄生虫和虫卵主要是由病人、病畜的粪便通过水体或土壤间接或直接污染食品。

（1）常见致病菌及其危害

①沙门菌。沙门菌极易引起人类的食物中毒，我国每年发生的细菌性食物中毒中，沙门菌引起的食物中毒占首位。因此，控制沙门菌食物中毒在食

品安全管理方面占有非常重要的地位。

沙门菌属（*Salmonella*）是一大群形态、生化性状及抗原构造相似的革兰阴性杆菌。按其主要症候群，可分为肠炎型、伤寒型、败血症型和局部化脓性感染 4 型。引起食物中毒的主要是肠炎型。沙门菌无芽孢、无荚膜，多数细菌有周身鞭毛和菌毛，有动力。在普通培养基上呈中等大小、表面光滑的菌落，无色半透明。不分解乳糖、蔗糖和水杨酸，能分解葡萄糖和甘露醇。吲哚、尿素分解试验及 VP 试验均为阴性。沙门菌最适生长繁殖温度为 20～37℃，在水中可生存 2～3 周。100℃时立即死亡，75℃、5min，60℃、15～30min，55℃加热 1h 可将其杀灭。5％石炭酸溶液及 70％酒精 5min 也可将其杀死。

沙门菌属主要污染的食品为动物性食品，特别是禽肉、蛋、乳及其制品。如家禽、家畜屠宰时，肠腔的沙门菌就可污染肉类。肉类等也可在贮藏、市场出售、厨房加工等过程中通过各种用具或直接污染，其中在零售市场购买的生肉容易污染沙门菌。蛋类或蛋制品的污染来源，可以是禽类卵巢或输尿管，沙门菌也可以由粪便、肥料、泥土中穿过完整蛋壳进入蛋内。一般在由蛋混合制成的蛋粉或其他制品中，感染率相当高。乳类及其制品（如冰淇淋）、袋装熟食等也会受到沙门菌的污染。烹调后的熟制品可再次受到带菌的用具、容器和餐具的二次污染，也可被食品从业人员带菌者二次污染，是食品经营行业常见、多发的食物中毒之一。

沙门菌对人体的危害可直接引起食物中毒。肠炎型是沙门菌感染最常见的形式，潜伏期一般为 8～24h。起病急骤，常伴有恶寒、发热，但热度一般不甚高，同时出现腹绞痛、气胀、恶心、呕吐等症状。继而发生腹泻，一天数次至十数次或更多，如水样，深黄色或带绿色，有些有恶臭。粪便中常混有未消化食物及少量黏液，偶带脓血，当炎症蔓延至结肠下段时，可有里急后重。病程大多为 2～4d，有时持续时间较长。

②副溶血性弧菌。副溶血性弧菌（*Vibrio parahaemolyticus*）是革兰阴性多形态杆菌或稍弯曲弧菌。随培养基不同菌体形态差异较大，有卵圆形、棒状、球杆状、梨状、弧形等多种形态。两极浓染。菌体一端有单鞭毛，运动活泼。无芽孢、无荚膜。副溶血性弧菌是一种嗜盐菌，广泛分布于海水中，在 30～37℃、pH 7.4～8.2、含盐量 3％左右的环境中可迅速生长繁殖，在无盐的条件下不生长。该菌的抵抗力较弱，不耐热，55℃加热 10min、90℃加热 1min、0～2℃经 24～48h 会死亡；对酸敏感，在 pH<6 时不能生

长，用1‰醋酸处理1min即可杀死该菌。

副溶血性弧菌主要污染的食物是海产品或盐腌渍品，常见者为蟹类、乌贼、海蜇、鱼、黄泥螺等，其次为蛋品、肉类或蔬菜。进食肉类或蔬菜而致病者，多因食物容器或砧板等受污染而导致交叉污染。我国沿海地区为副溶血性弧菌食物中毒的高发区，近年来，随着海产食品大量流入内陆，此类食物中毒在内陆也时有发生。

副溶血性弧菌对人体的危害是引起混合型细菌性食物中毒，可呈胃肠炎型、菌痢型、中毒性休克型或少见的慢性胃肠炎型。在副溶血弧菌食物中毒的流行季节，进食被副溶血性弧菌污染的食物后10h左右出现上腹部阵发性绞痛、腹泻，多数患者在腹泻后出现恶心、呕吐，腹泻多为水样便，重者为黏液便和黏血便。呕吐、腹泻严重，失水过多者可引起虚脱并伴有血压下降。大部分病人发病后2～3d恢复正常，少数严重病人由于休克、昏迷而死亡。

③单核细胞增生李斯特菌。单核细胞增生李斯特菌（*Listeria monocytogenes*）简称单增李斯特菌，是革兰阳性小杆菌，大小为（0.4～0.5）μm×（0.5～2.0）μm，直或稍弯，多数菌体一端较大，似棒状，常呈"V"字形排列，有的呈丝状，偶尔可见双球状。在22～25℃环境可形成4根鞭毛。该菌在5～45℃均可生长。能在5℃的低温条件下生长，是该菌最大的特征。−20℃可存活一年，能耐受一般的食品防腐剂，并能在冷藏条件下生存繁殖。因此，用冰箱保存食品不能抑制该菌繁殖。单增李斯特菌耐碱不耐酸，在pH9.6时仍可生长，该菌不耐热，58～59℃、10min可杀死。

李斯特菌分布广泛，在土壤、健康带菌者和动物的粪便、江河湖水、蔬菜、饲料及多种食品中均可分离出该菌，且存活时间比沙门菌长，引起污染中毒的主要食品有乳及乳制品、肉类制品、水产品、蔬菜及水果，尤以在冰箱中存放时间过长的乳制品、肉制品最为多见。

单增李斯特菌引起的食物中毒主要为大量李斯特活菌侵入肠道所致，主要表现为胃肠炎症状，如呕吐、腹泻等。有时可引起败血症、脑膜炎、心内膜炎、孕妇流产、死胎或婴儿健康严重不良。孕妇、新生儿、免疫系统有缺陷的人易发病，病死率高达20％～50％。

④致病性大肠杆菌。大肠杆菌（*Escherichia coli*）是埃希菌属中的常见细菌，革兰阴性短杆菌，大小为0.5μm×（1～3）μm。周身鞭毛，能运动，无芽孢。主要存在于人和动物肠道中，是肠道的正常菌群，通常不致病。但

是在大肠杆菌中也有致病菌，已经确认有 6 种大肠杆菌会导致腹泻。当人体抵抗力减弱或摄入被大量活的致病性大肠杆菌污染的食品时，往往引起食物中毒。该菌对热的抵抗力较弱，60℃、15～20min 能将其杀死。

该菌存在于人和动物的肠道中，随粪便排出而污染水源、土壤。受污染的土壤、水、带菌者的手、被污染的器具等均可再污染食品。因此，涉及食品众多，以新鲜蔬菜水果多见。

致病性大肠杆菌 O157：H7 能导致出血性大肠炎和溶血性尿毒综合征的大流行，并造成人员伤亡，病死率为 3‰～5‰。败血性大肠埃希菌可引起败血症，死亡率较高，从而引起国内外对这种病原菌的高度重视。

⑤金黄色葡萄球菌。金黄色葡萄球菌（*Staphylococcus aureus*）是革兰阳性菌，为一种常见的食源性致病微生物。金黄色葡萄球菌形态为球形，在培养基中菌落特征表现为圆形，菌落表面光滑，颜色为无色或者金黄色，无扩展生长特点。金黄色葡萄球菌在显微镜下排列成葡萄串状，无芽孢、鞭毛，大多数无荚膜。特点是抵抗力较强，对热的抵抗力也较强，加热至80℃经 30min 才能被杀死；能在 6.5～46℃下生长，最适生长温度为 30～37℃；在 pH4.5～9.8 能生长，最适 pH 为 7.4；由于可以耐受低的水分活度（0.86），所以能在高盐（10%～15%）或高糖浓度的食品中繁殖。金黄色葡萄球菌菌株产生的肠毒素耐热性强，在 100℃加热 1.5h 不失去活性，因此一般烹调温度不能将其破坏。

金黄色葡萄球菌污染食品的种类很多，主要是营养丰富且水分较高的食品，常见易污染的食品为乳及乳制品、肉类、剩饭等，其次为熟肉制品、含乳冷冻食品，偶见鱼类及其制品、蛋制品等。

金黄色葡萄球菌本身并无致病性，在健康人的咽喉部带菌率可达40%～70%，手部达 56%。金黄色葡萄球菌食物中毒是由该菌产生的肠毒素引起的。肠毒素的形成与温度、食品受污染的程度、食品的种类及形状有密切关系。食品被金黄色葡萄球菌污染后，如果没有形成肠毒素的合适条件（如较高温度下保存较长时间），就不会引起食物中毒。金黄色葡萄球菌肠毒素食物中毒，发病急骤、潜伏期短（一般 2～5h），中毒多表现为胃肠道症状，以呕吐、腹痛最为显著。

⑥变形杆菌。变形杆菌（*Proteus*）为肠道正常菌群，需氧或兼性厌氧菌，在 4～7℃即可繁殖，属于低温菌，因此可在低温贮存的食品中繁殖。变形杆菌为能活泼运动而又极为多形性的一群肠道菌，有球形和丝状形，具有

鞭毛、无荚膜、无芽孢，革兰阴性，运动活泼。在固体培养基上呈扩散生长，形成迁徙生长现象。变形杆菌对热的抵抗力较弱，55℃加热 1h 或煮沸数分钟即可杀灭。

引起变形杆菌食物中毒的食品主要是动物性食品，特别是熟肉制品，其次为豆制品和凉拌菜。

变形杆菌食物中毒主要是由于大量活菌侵入肠道引起的感染型食物中毒，以上腹部刀绞样疼痛和急性腹泻为主，有的伴以恶心、呕吐、头痛、发热，体温一般在 38~39℃。病程较短，一般 1~3d 可恢复，很少死亡，预后良好。

⑦蜡样芽孢杆菌。蜡样芽孢杆菌（*Bacillus cereus*）是一种革兰阳性菌，β 溶血性杆状细菌，大小为 (1~1.3)μm×(3~5)μm，兼性需氧，形成芽孢，芽孢不突出菌体，菌体两端较平整，多数呈链状排列。引起食物中毒的菌株多为周鞭毛，有动力。孢子呈椭圆形，有致呕吐型和腹泻型胃肠炎肠毒素两类。最适生长温度为 28~37℃，10℃ 以下不繁殖。其繁殖体较耐热，100℃、20min 被杀死，而芽孢可耐受 100℃、30min，干热 121℃、60min 才能杀死。

食物中毒的临床表现有两种类型：呕吐型和腹泻型。呕吐型食物中毒潜伏期较短，食用污染食物后 1~5h 就会引起恶心、呕吐。腹泻型食物中毒较少见，潜伏期较长，一般在进食后 6~15h 发生，主要临床表现为水样腹泻和腹痛，很少伴有呕吐症状。

蜡样芽孢杆菌所污染的食物种类繁多，包括剩米饭、米粉、稀饭、米糕、米粉皮、米线、甜酒酿、剩菜、调味汁、凉拌菜、甜点心及乳、肉类食品。在我国引起中毒的食品以米饭、米粉最为常见，该菌极易在大米饭中繁殖。引起中毒的食品常因食用前保存温度较高（20℃以上）和放置时间较长，使其中的蜡样芽孢杆菌得到繁殖。

（2）常见霉菌毒素及其危害

①黄曲霉毒素。黄曲霉毒素（AFT）是黄曲霉和寄生曲霉等某些菌株产生的双呋喃环类毒素。其衍生物约有 20 种，分别命名为黄曲霉毒素 B_1、B_2、G_1、G_2、M_1、M_2、G_M、P_1、Q_1、毒醇等。黄曲霉毒素毒性较强并有致癌性，黄曲霉毒素的毒性顺序如下：黄曲霉毒素 B_1>黄曲霉毒素 M_1>黄曲霉毒素 G_1>黄曲霉毒素 B_2>黄曲霉毒素 M_2。在粮油食品中以黄曲霉毒素 B_1 污染最多且其毒性和致癌性最强，因此在食品安全监测中常以黄曲霉毒素 B_1 作

为污染指标。

黄曲霉毒素耐热，在一般烹调加工温度下不被破坏，在 280℃时发生裂解。黄曲霉毒素在水中溶解度很低，几乎不溶于水，能溶于油脂和甲醇、丙酮、三氯甲烷等多种有机溶剂。

黄曲霉形成毒素的温度范围是 12～42℃，最适温度为 25～33℃，最适水分活性（A_W）为 0.93～0.98（水分含量低于 12%一般不能繁殖）。黄曲霉毒素主要污染粮油及其制品，其中以玉米、花生和棉籽油最易受到污染，其次是稻谷、小麦、豆类等。

黄曲霉毒素既有很强的急性毒性，也有明显的慢性毒性与致癌性。黄曲霉毒素对肝脏有特殊亲和性并有致癌作用，具有较强的肝脏毒性。黄曲霉毒素是目前公认的最强的化学致癌物质。国际癌症研究机构（IARC）将黄曲霉毒素 B_1 列为人类致癌物。

②赭曲霉毒素。赭曲霉毒素（Ochratoxins, OT）是由曲霉属的 7 种曲霉和青霉属的 6 种青霉菌产生的一组重要的、污染食品的真菌毒素。赭曲霉毒素的毒性强弱顺序：OTA＞OTC＞OTB，赭曲霉毒素 A 毒性最大。赭曲霉毒素 A 是一种无色结晶化合物。可溶于极性有机溶剂和稀碳酸氢钠溶液，微溶于水，其化学稳定性和热稳定性高。

赭曲霉、圆弧青霉和鲜绿青霉产生 OTA 的最低水分活性分别为 0.83～0.87、0.87～0.90 和 0.83～0.86；毒素形成最适温度分别为 12～37℃、4～31℃和 4～31℃。因此，OTA 的产生菌在湿热的南方一般以赭曲霉菌和青霉为主，侵害水分含量大于 16%的粮食（小麦、玉米、大麦、燕麦、黑麦、大米和黍类等）、花生、蔬菜（豆类）等农作物和饲料。

赭曲霉毒素 A 对人类和动物的毒性主要有肾毒、肝毒、致畸、致癌、致突变和免疫抑制作用。赭曲霉毒素 A 进入体内后在肝微粒体混合功能氧化酶的作用下，转化为 4-羟基赭曲霉毒素 A 和 8-羟基赭曲霉毒素 A。

③其他霉菌毒素对食品的污染及危害。主要是镰刀菌产生的镰刀菌毒素，按其化学结构可分为单端孢霉烯族化合物、玉米赤霉烯酮、丁烯酸内酯和伏马菌素等。这几类毒素对人体食道、肝、肾、生殖系统等均有不同的细胞毒性，可致人体中毒或致癌。

（3）常见病毒及其危害

①诺如病毒。诺如病毒（Norwalk virus, NV）为无包膜单股正链 RNA病毒，病毒粒子直径 27～40nm。诺如病毒目前还不能体外培养，无法进行

血清型分型鉴定。根据基因特征，诺如病毒被分为 6 个基因群（genogroup，GI~GVI），GI 和 GII 是引起人类急性胃肠炎的两个主要基因群。诺如病毒主要以粪-口途径传播，其中被污染的食品和水是重要的传播介质，人与人之间也会接触传播。日常生活中贝类、沙拉、三明治、蛋糕、冰霜、冰块、饮水和木莓等直接食用品容易携带诺如病毒，贝类是排在第一位的"高危食品"，有贻贝（即青口贝）、蛤蜊、扇贝等。病毒附着在贝类的鳃和肠道中，无法用水洗干净，唯一方法是彻底煮熟，70℃以上几分钟就能杀灭。此外，草莓等伏地生长的水果、蔬菜被污染率也较高。

诺如病毒主要引起人体非细菌性急性胃肠炎。每年的 11 月到次年的 3 月是暴发期，几乎每年到了冬季便"如约而来"，具有发病急、传播速度快、涉及范围广等特点。潜伏期多在 24~48h，最短 12h，最长 72h。感染者发病突然，主要症状为恶心、呕吐、发热、腹痛和腹泻，严重者可出现脱水症状。

②禽流感病毒。禽流感病毒（Avian influenza virus，AIV）属于 RNA 病毒的正黏病毒科，是引起禽类的病毒性流行性感冒的病原体，是由 A 型流感病毒引起禽类的一种从呼吸系统到严重全身败血症等多种症状的传染病。禽流感容易在禽鸟类间流行，世界动物卫生组织将其定为 A 类动物疫病。禽流感的传染源主要是感染了禽流感病毒的病禽排泄的大量高致病性排泄物，它们不断地将病毒传播给其他禽类，从而增加了疾病控制的难度。除此之外，候鸟也已被证实可以远距离传播高致病性禽流感。禽流感病毒对热比较敏感，65℃加热 30min 或煮沸（100℃）2min 以上可灭活。病毒在粪便中可存活 1 周，在水中可存活 1 个月，在 pH<4.1 的条件下也具有存活能力。

禽流感病毒与人流感病毒存在受体特异性差异，禽流感病毒一般不容易感染人，个别造成人感染发病的禽流感病毒可能是发生了变异的病毒。感染人的禽流感病毒亚型主要为 H5N1、H9N2、H7N7，其中感染 H5N1 的患者病情重。高致病性禽流感病毒可以直接感染人类，1997 年在我国香港地区，高致病性禽流感病毒 H5N1 型导致了 18 人感染，6 人死亡，首次证实高致病性禽流感可以危及人的生命。

一般认为，任何年龄的人均具有禽流感病毒的易感性，但 12 岁以下儿童发病率较高，病情较重。与不明原因病死家禽或感染、疑似感染禽流感的家禽密切接触人员为高危人群。人感染高致病性禽流感病毒的临床症状，早期表现类似于普通流感，如发热、流涕、鼻塞、咳嗽、咽痛、头痛、全身不适等，部分患者可有恶心、腹痛、腹泻、稀水样便等消化道症状。除了上述症状外，人感染高致病性禽流感重症患者，还可有肺炎、呼吸窘迫等表现，甚至可导致死亡。

③甲型肝炎病毒。甲型肝炎病毒（Hepatitis A virus，HAV）为小 RNA 病毒科嗜肝病毒属。病毒呈球形，直径约为 27nm，无囊膜。在 100℃ 加热 5min，紫外线照射 1～5min，或用甲醛溶液或氯处理，均可灭活；但在 4℃、−20℃、−70℃ 条件下，不能改变其形态或破坏其传染性。人类由感染至发病的潜伏期一般为 15～50d，平均 30d，在潜伏期后期及急性期，甲型肝炎病毒大量复制并具有很高的活性，此时，患者血液和粪便均有很高的传染性。患者直接接触食品、用具或其粪便污染食品、水源，都可造成传染。因此，日常接触是其主要传播途径。

甲型肝炎病毒以秋冬季发生为主，也可在春季发生流行，主要是摄入了被污染的食品、饮水后导致人类感染。人类对病毒性肝炎普遍易感，尤其是儿童和青壮年，感染后不一定都能表现出临床症状。甲型肝炎发病初期病情发展迅速，常有发热、上消化道和上呼吸道症状；黄疸型病人的皮肤、角膜发黄，肝肿大，肝区疼痛，尿黄等；无黄疸型病人常有疲倦、右上腹不适，消化不良，体重减轻，不想吃油腻食物等。甲型肝炎经过彻底治疗，预后良好。

④轮状病毒。轮状病毒（Rotavirus，RV）是一种双链核糖核酸病毒，属于呼肠孤病毒科，是引起婴幼儿急性胃肠炎的主要病原之一。轮状病毒总共有七种，为 A、B、C、D、E、F 与 G。其中 A 种最为常见，人类轮状病毒感染超过 90% 的案例都是由该种造成的。每年因轮状病毒感染导致的腹泻婴幼儿约 1.25 亿，全世界因急性胃肠炎而住院的儿童中有 50%～60% 是由轮状病毒引起的。轮状病毒主要存在于人和动物的肠道内，通过粪便排泄污染土壤、食品和水源而传播。感染轮状病毒的食品从业人员在食品加工、运输、销售时可以污染食品。食用被轮状病毒污染的食品（如沙拉、水果）以后，可以引起急性胃肠炎。轮状病毒的感染力很强，感染剂量为 10～100 个感染性病毒颗粒。患者每毫升粪便可排出 10^8～10^{10} 个病毒颗粒。因此，通过病毒污染的手、物品和餐具完全可以使食品中的轮状病毒达到感染剂量。A 型轮状病毒，可引起婴儿腹泻、冬季腹泻、急性非细菌性感染性腹泻和急性病毒性胃肠炎，常见于冬季发病，是婴幼儿因腹泻而死亡的主要原因；B 型轮状病毒，也称为成人腹泻轮状病毒，是导致我国居民患急性腹泻的主要

病原体。

（4）常见寄生虫及危害

①猪囊尾蚴。猪囊尾蚴病俗称囊虫病，是猪带绦虫的蚴虫即猪囊尾蚴（*Cysticercus cellulosae*）寄生人体各组织所致的疾病。在动物体内寄生的囊尾蚴有多种，通过肉食品传播给人类的有猪囊尾蚴和牛囊尾蚴，以猪囊尾蚴较为常见，是一种常见的食源性人畜共患寄生虫。猪囊尾蚴呈卵圆形白色半透明的囊，大小（8~10）mm×5mm。囊壁内面有一小米粒大的白点，是凹入囊内的头节，其结构与成虫头节相似，头节上有吸盘、顶突和小钩，典型的吸盘数为 4 个，有时可为 2~7 个，小钩数目与成虫相似。囊尾蚴的大小、形态因寄生部位和营养条件的不同和组织反应的差异而不同，在疏松组织与脑室中多呈圆形，为 5~8mm，在肌肉中略长，在脑底部可大到 2.5cm，并可分支或呈葡萄样，称葡萄状囊尾蚴。

人可被成虫侵害，也可以被其幼虫感染，每年因被囊虫污染而废弃的畜肉，也给农业经济造成了巨大的损失。人因吃生的或未煮熟的含囊尾蚴的猪肉而感染，也可因体内有猪带绦虫寄生而自身感染。囊尾蚴进入人体后发育为绦虫而使人患绦虫病，成虫在人体可活 25 年以上，进入人体后囊尾蚴的危害远大于成虫。根据囊尾蚴寄生部位的不同，临床上分为脑囊尾蚴病、眼囊尾蚴病、皮肌型囊尾蚴病等，其中以寄生在脑组织者最为严重。囊尾蚴侵害皮肤时，表现为皮下或黏膜下囊尾蚴结节；侵入人体肌肉，则表现为肌肉酸痛、僵硬；如侵入眼中，可影响视力，引起眼底视盘水肿，甚至失明；侵入脑内，则因脑脊液压力增高，脑组织受到压迫而出现精神错乱、幻听、幻视、语言障碍、头痛、呕吐、抽搐、癫痫、瘫痪等神经症状，甚至突然死亡。

②旋毛虫。旋毛虫（*Trichinella spiralis*）是一种动物源性人畜共患寄生虫。旋毛虫幼虫寄生于肌纤维内，一般形成囊包。囊包呈柠檬状，内含一条略弯曲似螺旋状的幼虫。囊膜由二层结缔组织构成。外层甚薄，具有大量结缔组织；内层透明玻璃样，无细胞。成虫呈微小线状，可分泌具有消化功能和强抗原性的物质，可诱导宿主产生保护性免疫。

人因食生的或不熟的含有活体旋毛虫包囊的猪或其他动物肉而感染。如果肉制品在加工时中心温度未能达到杀虫温度，也可能含有活的旋毛虫包囊，如熏肉、腌肉、酸肉、腊肠等，不充分的熏烤或涮食都不足以杀死包囊幼虫。另外，切生肉的刀或砧板、容器等若污染了旋毛虫包囊，也可成为传播因素。

旋毛虫可导致人、畜以损害横纹肌为主的全身性疾病。轻者可无症状，重者临床表现复杂多样，如未能及时诊治，可在发病后 3～7 周内死亡。

③肺吸虫。肺吸虫（*Paragonimus westermani*）也称"卫氏并殖吸虫"，属隐孔吸虫科，是较早发现的一种吸虫。体呈卵圆形，背面隆起，体表多小棘，长 7～15mm，宽 3～8mm；红褐色，半透明；口吸盘和腹吸盘大小相等。寄生在人的肺内，也可异位寄生在脑等部位，导致人发生寄生虫病，危害很大。肺吸虫有 2 个中间宿主，第一中间宿主为淡水螺，第二中间宿主为淡水蟹（溪蟹、石蟹）或蟹虾，终末宿主是人及其他肉食性哺乳动物。加工温度达到 55℃，石蟹体内的囊蚴经 30min 即可杀死；带活囊蚴的蟹肉、污染了囊蚴的食具、水源等都可使人感染而发病。

人感染肺吸虫后常表现有低热、食欲不振、感觉疲劳、盗汗和荨麻疹等症状。成虫侵害肺后，主要表现咳嗽、胸痛、血痰或铁锈色痰（痰中带虫卵）等症状；侵害腹腔可出现腹痛、腹泻，有时大便带血；侵害肝脏，可出现黄疸、肝炎、肝肿大甚至肝硬化等病症；侵害皮肤，可出现皮下包块和结节；侵害大脑，可出现头痛、癫痫、半身不遂及视力障碍等症状。

④华支睾吸虫。华支睾吸虫（*Clonorchis sinensis*）为人畜共患寄生虫，寄生于人、猪、犬、猫、鼬、貂、獾等动物肝胆管及胆囊内，可使肝肿大并导致其他肝病变，又称为肝吸虫。螺蛳、淡水鱼、虾等为中间宿主。寄生于人或哺乳动物胆管内的成虫产出虫卵，虫卵随胆汁进入消化道混于粪便排出，在水中被第一中间宿主淡水螺吞食后，在螺体消化道孵出毛蚴，穿过肠壁在螺体内发育，经历胞蚴、雷蚴和尾蚴 3 个阶段。成熟的尾蚴从螺体逸出，遇到第二中间宿主淡水鱼类，则侵入鱼体内肌肉等组织发育为囊蚴。囊蚴呈椭球形，大小平均为 0.138mm×0.15mm，囊壁分两层。终宿主因食入含有囊蚴的鱼而被感染。囊蚴在十二指肠内脱囊，脱囊后的后尾蚴沿肝汁流动的逆方向移行，经胆总管至肝胆管，也可经血管或穿过肠壁经腹腔进入肝胆管内，通常在感染后 1 个月左右发育为成虫。成虫寿命为 20～30 年。

人食用生的或没有烧熟煮透的含囊蚴的淡水鱼、虾后即可导致人体感染华支睾吸虫。在我国某些地区的居民喜食生鱼、生鱼粥或烫鱼片，很易发生感染。数量少时可无症状，若进食的数量多或反复多次感染，可引起胆管和胆囊发炎，管壁增厚，消化机能受影响，出现腹泻、腹痛、肝硬化和局部坏死、肝萎缩、黄疸、腹水等病症。华支睾吸虫的虫体分泌毒素，可引起贫血、消瘦和水肿。胆道内成虫死亡后的碎片和虫卵可形成胆结石的核心而引起胆石症。华支睾吸虫在儿童体内大量寄生可影响生长发育，甚至可引起侏儒症。2017 年 10 月 27 日，国际癌症研究机构公布的致癌物中，华支睾吸虫（感染）被列为一类致癌物。

2. 化学性污染

食品中化学污染物的种类繁多，按照其来源可以分为动植物天然毒素、环境污染物、农业投入品、食品加工过程产生的有害物质、非法添加物和食品包装材料等。就食品安全而言，一般前五种危害来源较多，食品包装材料的污染较少。

食品的化学性危害具有如下特点：污染途径复杂、多样，涉及的范围广，不易控制；受污染的食品外观一般无明显的改变，不易鉴别；污染物性质较为稳定，在食品中不易消除；污染物的蓄积性强，通过食物链的生物富集作用可在人体内达到很高的浓度，易对健康造成多方面的危害。

（1）食品中的农药残留及其危害　农药残留指在农业生产中，农药在使用后一段时期后，一部分农药没有分解而残留于谷物、蔬菜、果品、畜产品、水产品中以及残留于土壤、水体、大气中的微量农药的原体、有毒代谢物、降解物和杂质。世界各国都规定了食品中农药最大的残留限量。我国也制定和执行食品中农药残留的国家食品安全标准《食品中农药最大残留限量》（GB 2763—2021）。农药可通过直接污染、间接污染、食物链生物富集、交叉污染以及意外事故和人为投毒等方式残留于食品中。

食品中残留农药对健康的主要危害：一次性食用高残留剧毒农药可以引起急性的食物中毒。近年来，随着规范种植和监管力度的加大，我国农药残留引起的食物中毒数量下降明显。长期食用农药残留超标的农产品，虽然不会引起消费者急性中毒，但可能导致农药在体内累积而发生慢性中毒，引发多种慢性疾病的发生，包括增加癌症的发生率。

①有机磷农药残留。有机磷农药（organophosphorus pesticide）是指含磷元素的有机化合物农药，其种类多，根据其毒性强弱分为高毒、中毒、低毒三类。一般有大蒜味，挥发性强，微溶于水，遇碱易破坏。我国生产的有机磷农药多为磷酸酯类或硫代磷酸酯类，绝大多数为杀虫剂，如常用的对硫磷、内吸磷、马拉硫磷、乐果、敌百虫及敌敌畏等。

有机磷农药进入体内后，选择性地不可逆地抑制神经系统乙酰胆碱酯酶的活性，导致中枢和外周胆碱能神经过分刺激，冲动不能休止，引起机体痉挛、瘫痪等一系列神经中毒症状，甚至死亡。

轻度有机磷中毒主要表现为头晕、头痛、无力、恶心、呕吐、腹痛、腹泻、视力模糊，少数患者有瞳孔缩小、多汗、肌肉震颤、轻度呼吸困难、流涎、血压轻度上升等症状；重度患者发病后很快昏迷，瞳孔缩小如针尖状，呼吸极度困难，肺水肿，肌肉震颤更加明显，心跳加快，血压增高（严重者可能血压下降），大小便失禁，昏厥或呼吸麻痹，血液胆碱酯酶的活性在30％以下。

有机磷农药在农业生产中的广泛使用，导致农作物食物中发生不同程度的残留。人长期食用残留量高的食物，可引起慢性中毒。因此，在作物或果树上使用该类农药有严格的规定，剧毒农药不得用于成熟期的食用作物及果树治虫；严禁滥用、超量使用农药。

②氨基甲酸酯类农药残留。氨基甲酸酯类农药（carbamates pesticide）可分为 N,N'-二甲基氨基甲酸酯、氨基甲酸肟酯、N-甲基氨基甲酸酯。氨基甲酸酯类农药在体内的降解速度快，一般在体内不蓄积，因此它们的毒性作用以急性毒性为主。

部分氨基甲酸酯类农药的急性毒性较大，如呋喃丹、涕灭威属高毒农药，毒性作用机理与有机磷农药类似，主要抑制胆碱酯酶的活性，引起胆碱能神经的兴奋症状。该农药与胆碱酯酶结合是可逆的，可自行水解，故酶抑制表现轻，胆碱酯酶的活性恢复也快。这是氨基甲酸酯类农药引起毒作用后恢复较快的原因。

③拟除虫菊酯类农药残留。拟除虫菊酯类农药（pyrethroid pesticide）可经消化道、呼吸道和皮肤黏膜进入人体，主要分布在脂肪和神经组织，在肝的脂酶和混合功能氧化酶作用下，经羟化和水解后，其代谢产物与葡萄糖醛酸、硫酸、谷氨酸等结合成为水溶性产物随尿排出体外。拟除虫菊酯类农药在体内代谢转化很快，蓄积较少。

拟除虫菊酯类杀虫剂属于神经毒物，使中枢神经系统的兴奋性增高。还可直接作用于神经末梢和肾上腺髓质，使血糖、乳酸、肾上腺素和去甲肾上腺素含量增高，导致血管收缩、心律失常等。Ⅱ型中毒可出现流涎、舞蹈症与手足徐动症，易激惹，最终可能导致瘫痪。

（2）食品中的兽药残留及其危害　兽药，指用于预防、治疗、诊断动物疾病或者有目的地调节动物生理功能的物质（包括药物饲料添加剂）。兽药残留，是指动物产品的任何可食部分所含兽药的母体化合物（原药）和

（或）其代谢物，以及与兽药有关的杂质残留。兽药残留主要有抗生素类（包括磺胺类、呋喃类）、抗寄生虫类和激素类残留等。与农药一样，兽药的使用也带来了一些不良后果：残留在食物中的兽药可引起急性、慢性中毒，并可能有"三致"（致突变、致畸、致癌）作用。

动物性食品中残留兽药的主要来源：在防治畜禽疾病过程中不严格遵守兽药的使用对象、使用期限、使用剂量以及休药期等规定，长期或超标准使用、滥用药物，导致兽药残留。在饲喂畜禽过程中，滥用兽药及其违禁药品，尤其是把一些抗生素类及激素类药物作为畜禽饲料添加剂使用，企图达到既能预防和治疗许多病原微生物感染引起的疾病，又能促进动物生长的目的，导致兽药残留。部分食品生产者在加工贮藏过程中，非法使用抗生素以达到灭菌、延长食品保藏期的目的，也可导致兽药在食品中残留。

①抗生素类药物残留。动物性食品中残留的抗生素对人体一般并不产生急性毒性作用，但如果从食品中长期摄入低剂量的残留抗生素，抗生素可在人体内蓄积而导致各种慢性毒性作用：如氯霉素破坏人体的骨髓造血机能；四环素类药对胃、肠、肝的损害；红霉素、链霉素、庆大霉素等引起肝损害和听觉障碍；某些过敏体质的人在接触残留的抗生素后，可能引起过敏（变态）反应。长期低剂量使用抗生素会引起人类和动物菌群失调、产生耐药性及感染性疾病治疗的失败。有些兽药，如四环素、链霉素、氯霉素和红霉素等具有"三致"作用。

②激素残留。激素残留，是指在畜牧业生产中应用激素作为动物饲料添加剂或埋植于动物皮下，达到促进动物生长发育、增加体重和肥育的目的，而导致的所用激素在动物性食品中残留。

激素类药物的残留严重威胁着人类的健康，特别是近年来以"瘦肉精"（其中较常见的有盐酸克伦特罗、沙丁胺醇、莱克多巴胺、硫酸沙丁胺醇、盐酸多巴胺、西马特罗和硫酸特布他林等）为代表的 β-受体激动剂在动物性食品中导致中毒事件的频频发生，已引起各方面的关注。

β-兴奋剂残留主要有盐酸克伦特罗、沙丁胺醇、莱克多巴胺等。其化学性质比较稳定，易被吸收，难分解，并且易在动物组织，特别是内脏中蓄积，可以通过食物而进入人体，严重危害人类健康。

性激素进入动物体内后不易排出，残留于动物源性食品中。它们的稳定性较好，一般的烹调、加工处理方式不能将其破坏。因此，它们可以通过食物链进入人体并在体内蓄积。当性激素在体内的含量超过人体正常水平后，将破坏机体正常的生理平衡，产生一些不良反应。一是对人体生殖系统和生殖功能造成严重影响，如雌激素能引起女性早熟、男性女性化；雄性激素能导致男性早熟，第二性征提前出现，女性男性化等。二是诱发癌症。多数激素类药物具有潜在的致癌性，如果长期经食物摄入雌激素可引起子宫癌、乳腺癌、睾丸肿瘤等癌症的发病率增加。三是对肝脏有一定损害作用。

③其他兽药残留。磺胺类药物残留超标现象比其他兽药残留都严重。磺胺类药物经各种途径进入动物体内后，可转移到肉、蛋和乳等动物性食品中，进而造成这些动物性食品中磺胺类药物的残留。如果长期摄入残留有磺胺类药物的食品，可能对人体健康造成潜在的危害：一是引起人体急、慢性毒性，血液系统的粒细胞减少、贫血、血小板减少，甚至损害肝功能；二是引起"三致"作用；三是引起过敏作用。

喹诺酮类药物具有抗菌谱广、杀菌力强的特点，曾广泛用于动物多种感染性疾病的预防和治疗，如用于防治淡水鱼的各种细菌性疾病。其中，氟喹诺酮类药物在食源性动物中应用最广泛，大部分动物源性食品中均有此类药物残留。人若长期摄入残留有这些药物的食品后，可能对人体中枢神经系统、消化系统造成伤害。

硝基呋喃类药物曾经在养殖业中得到较为广泛的使用，我国出口的鱼、虾、禽肉、兔肉和肠衣等产品都曾经被检出含有硝基呋喃类药物，特别是我国出口的鳗鱼多次被检测出硝基呋喃类药物残留，影响了我国动物源性食品的声誉。通过食品摄入的硝基呋喃类药物，对人体造成的危害主要是胃肠反应和超敏反应。长期摄入可引起不可逆性的末端神经损害，如感觉异常、疼痛及肌肉萎缩等。

孔雀石绿又名碱性绿，具有较强的抗菌、消毒、保鲜效果，曾在水产养殖、运输、销售过程中经常使用。孔雀石绿在人体残留时间长，对人体的危害是积蓄式的，受摄入量的限制，虽然对人体不会有明显的急性中毒症状，但当体内孔雀石绿积蓄到一定程度，就可能引发各种疾病。由于孔雀石绿中的化学功能团三苯甲烷具有高毒、高残留及"三致"作用，2002年5月，农业部将孔雀石绿列入《食品动物禁用的兽药及其他化合物清单》。

（3）食品添加剂滥用及其危害　食品添加剂是现代食品工业的重要组成部分，在改善食品的色香味形等感官性状、原料及成品的保鲜防腐、保护食品的营养成分、新产品的开发、食品加工工艺改良等方面起到了极为重要的作用。例如：保持或提高食品本身的营养价值；作为某些特殊膳食用食品的必要配料或成分；提高食品的质量和稳定性，改进其感官特性；便于食品的生产、加工、包装、运输或者贮藏。

食品添加剂的使用必须严格按照食品安全国家标准《食品添加剂使用标准》（GB 2760—2014）的要求。基本原则如下：不应对人体产生任何健康危害；不应掩盖食品腐败变质；不应掩盖食品本身或加工过程中的质量缺陷或以掺杂、掺假、伪造为目的而使用食品添加剂；不应降低食品本身的营养价值；在达到预期效果的前提下尽可能降低其在食品中的使用量。

目前我国食品生产企业在食品添加剂的使用上存在着诸多问题：

①滥用食品添加剂。滥用食品添加剂一般是指超范围使用，或者超量使用食品添加剂，主要有以下两种情形：一是任意扩大食品添加剂的范围，如加工馒头、包子超范围使用含铝添加剂，在渍菜（泡菜等）中超范围使用诱惑红、日落黄等。二是超量加入食品添加剂，如油炸面点中使用过量的膨松剂（硫酸铝钾、硫酸铝铵等），造成铝残留超标，面点、月饼馅中超量使用乳化剂（蔗糖脂肪酸酯等）、防腐剂、甜味剂等。

滥用食品添加剂的危害主要表现在：超量和违规使用食品添加剂会对人体健康产生危害。如摄入过多的防腐剂，轻则会引起流涎、腹泻、腹痛、心跳加快等症状；重则会对胃、肝、肾造成严重危害，更会增加癌症的罹患率。过量摄入色素会造成在人体内的沉积，对神经系统、消化系统等都可造成不同程度的伤害。过量使用人工色素会加速儿童体内锌元素的流失，出现多动症、情绪烦躁、生长发育迟缓、智力发育迟缓、异食癖等症状，成年男性可能会引起生殖障碍。

②误用食品添加剂。如亚硝酸盐的外观与食盐相似，易被当作食盐加入食品中而导致中毒。亚硝酸盐是一种氧化剂，食物中作为发色剂和防腐剂使用，在不新鲜蔬菜中也有较多存在。食入 0.3～0.5g 的亚硝酸盐即可引起中毒，3g 可导致人体死亡。亚硝酸盐可与血红蛋白结合，使人体正常的血红蛋白变为高铁血红蛋白从而失去携氧能力，导致组织缺氧，严重时可致窒息。亚硝基还能够与蛋白质代谢产物结合生成亚硝胺，亚硝胺是一种极强的致癌物质。

误食纯亚硝酸盐引起的中毒，潜伏期一般为 10～15min；发病症状有口唇发绀、皮肤青紫、头痛、头晕、胸闷、气短、嗜睡、心悸、呕吐、腹痛、腹泻等。严重者可有昏迷和惊厥等症状，常因呼吸循环衰竭而死亡。一旦中毒立即以催吐、洗胃和导泻的方式排出毒物；应用氧化型亚甲蓝（美蓝）、维生素 C 等解毒剂。国家明令禁止餐饮服务单位采购、贮存、使用食品添加剂亚硝酸盐（亚硝酸钠、亚硝酸钾）。

（4）常见违法添加的非食用物质　一些不法分子为了追求利益，在食品的生产经营过程中使用非食品原料（非食用物质），制造了多起影响极大的食品安全事件。如为了提高猪肉的瘦肉含量，在饲料中添加盐酸克伦特罗，为了提高乳及乳制品中的氮含量（通过氮含量计算出蛋白质含量）而添加三聚氰胺等。

①非食用物质（非法添加物）的判定原则。不属于传统上认为是食品原料的；不属于批准使用的新食品原料的；不属于卫生行政部门公布的食药两用或作为普通食品管理物质的；未列入食品安全国家标准《食品添加剂使用标准》（GB 2760—2014）及《食品营养强化剂使用标准》（GB 14880—2012）品种名单的；其他我国法律法规规定的食品生产经营过程中允许使用物质之外的物质。

②非食用物质和食品添加剂的主要区别。非食用物质和食品添加剂是截然不同的两类物质：非食用物质是食品中禁止使用的物质，涉及面很广，有相当不确定性和未知性；食品添加剂是按照国家标准允许添加到食品中的物质，能够起到改善食品品质或者改变口感等方面作用，让我们得到丰富多彩的食物。食品添加剂的安全性以及正确使用食品添加剂是保证食品安全的前提。包括食品添加剂在内的任何一种物质的危害大小，除取决于物质本身的特性外，在很大程度上还取决于摄入量。

非食用物质违法添加到食品中，按作用大致可分为 4 类：改进外观颜色（如苏丹红、罗丹明 B 等）；防腐保鲜类（如甲醛、敌敌畏、福尔马林等）；改良口感品质（如硼、硼砂、吊白块等）；掺伪制假（如三聚氰胺、甲醇假酒、地沟油等）。

这一类食品化学性污染最易引起群体性事件的是甲醇中毒。甲醇中毒多由误服甲醇或含甲醇的工业酒精勾兑的酒类或饮料所致。甲醇本身无毒，但甲醇经人体代谢产生甲醛和甲酸，对人体的中枢神经系统、眼部造成损伤，并引发代谢性酸中毒。人口服中毒最低剂量约为 100mg/kg（体重），经口摄入 0.3～1g/kg（体重）可致死。甲醇中毒的潜伏期为 8～36h，若同时摄入乙醇，可使潜伏期延长。中毒早期呈酒醉状态，出现头昏、头痛、乏力、嗜睡或失眠症状；严重者出现意识模糊、昏迷等。双眼疼痛、视力突然下降、甚至失明；眼底检查可见视网膜充血、出血等。

我国卫生行政部门先后向社会公布了 6 批共 64 种可能违法添加的非食

用物质名单。食品中可能违法使用的非食用物质及其危害见表1-1。

表1-1 食品中可能违法使用的非食用物质及其危害

名称	主要化学成分	工业用途	可能添加的食品	作用	危害
吊白块	亚硫酸钠、甲醛	印染工业染料等。还用于合成橡胶、制糖	腐竹、粉丝、面粉、竹笋	增白、保鲜、增加口感、防腐	甲醛具有神经毒性，且是强致癌物，而亚硫酸盐会破坏维生素 B_1，影响生长发育，易患多发性神经炎，出现骨髓萎缩等症状，具有慢性毒性和致癌性
苏丹红 I～IV	苏丹红	工业用油溶性偶氮染料	辣椒粉；含辣椒类的食品	改善外观、着色	代谢产物动物实验表明具有致癌性
罗丹明B	罗丹明B	造纸、油漆、纺织、皮革及塑料染色	辣椒面、辣椒粉等辣椒制品及红油豆豉等调味品	改善外观、着色	造成急性和慢性的中毒伤害，急性中毒主要作用在皮肤、气管、肺、胃、肠等器官，也对肾、肝、脾、心脏及血液系统有一定的损害作用
王金黄	碱性橙II、碱性嫩黄	工业染料	豆皮、腐竹、黄鱼	改善外观、着色	造成急性和慢性的中毒伤害
三聚氰胺	三聚氰胺	甲醛树脂（MF）的原料	乳与乳制品	虚高蛋白质	长期摄入会造成生殖、泌尿系统的损害，膀胱、肾部结石，并可进一步诱发膀胱癌
硼酸与硼砂	硼砂	玻璃、有色金属的印染与洗涤，化妆品、农药、肥料、消毒剂等方面	凉粉、凉皮、面条、饺子皮；腐皮、腐竹等豆制品；鱼丸、鱼糜、海参等水产品	增韧、防腐、增白、保鲜、增加口感	硼砂进入人体经胃酸作用变成硼酸，连续摄取会在体内蓄积，它的药性是慢性中毒，严重损害肝、肾等人体器官。其急性中毒症状为呕吐、腹泻、红斑、循环系统障碍、休克、昏迷等所谓的硼酸症

（续）

名称	主要化学成分	工业用途	可能添加的食品	作用	危害
硫氰酸钠	硫氰酸钠	用于制药、印染、橡胶处理、镀镍、制造人造芥子油	生鲜乳收购、加工	保鲜	大剂量摄入可导致急性中毒，引起恶心、呕吐、腹痛、腹泻等胃肠道功能紊乱，血压波动，心率减慢
工业甲醛	工业甲醛	生产树脂等	海参、鱿鱼、银鱼、螺蛳肉等水产品	改善外观和质地、防腐、漂白	具有神经毒性，一类致癌物
工业用火碱	氢氧化钠	用途极广，造纸、肥皂、染料、石油精制、棉织品整理、煤焦油产物的提纯等	海参、鱿鱼、银鱼、螺蛳肉等水产品	改善外观和质地、防腐	具有极强的腐蚀性，会强烈刺激人体胃肠道，还存在致癌、致畸和引发基因突变的潜在危害
工业硫黄	亚硫酸酐	广泛用于化工、轻工、农药、橡胶、染料、造纸等	白砂糖、猪肉、牛肉、羊肉及禽肉、馒头；炒货及坚果制品、虾米	漂白、防腐	影响人体对钙的吸收。对人的胃肠还有刺激作用、引起恶心、呕吐。此外，可影响钙吸收，促进机体钙流失
铅铬绿	铅铬绿	多种工业产品着色剂	茶叶	改善外观、着色	可对人的中枢神经、肝、肾等器官造成极大损害，并会引发多种病变
一氧化碳	一氧化碳	合成气和各类煤气的主要组分，是有机化工的重要原料	金枪鱼、三文鱼	改善色泽	引起机体组织缺氧，导致人体窒息死亡
罂粟壳	吗啡、可待因、罂粟碱、蒂巴因、那可丁等生物碱类物质	生物碱类药物	火锅汤料、煮肉汤料等调味料	麻痹、降低人对辣味感知，产生依赖性而成瘾	损害神经系统、心、肝等

（续）

名称	主要化学成分	工业用途	可能添加的食品	作用	危害
富马酸二甲酯	富马酸二甲酯	防霉剂，常用于皮革、鞋类、纺织品等的生产、贮存、运输中	糕点类食品	漂白防腐、防虫	损害肠道、内脏，尤其对儿童的成长发育危害很大。接触可使皮肤发痒、刺激、发红和灼伤
废弃食用油脂	铅、砷、苯并［a］芘、黄曲霉毒素等	炼制柴油	生产、销售、餐饮环节均可能使用	掺假、掺杂、降低成本	所含有毒有害物质对人体健康产生多种危害

（5）有害矿物元素及其危害　自然界存在各种矿物元素，它们均可以通过食物和饮水摄入、呼吸道吸入和皮肤接触等途径进入人体，但通过污染食物进入人体是主要途径。其中，一些矿物元素是人体所必需的，但是在过量摄入情况下对人体可产生毒性作用或者潜在危险，如硒、铜和铝等；一些矿物元素即使在较低摄入量的情况下，亦可干扰人体正常生理功能，并产生明显的毒性作用，如铅、镉、砷和汞等，常称之为有毒元素。

①有害矿物元素污染食品的途径。主要有：农药的使用和工业"三废"的排放；食品加工、贮存、运输和销售过程中的污染；自然环境的高本底含量，某些地区由于特殊的地球化学环境，如矿区、海底、火山活动地区，其土壤中有害矿物元素本身含量就比较高。

②食品中有害矿物元素对人体健康的危害。摄入被有害矿物元素污染的食品对人体可产生多方面的危害，包括一次大剂量造成的急性中毒，以及低剂量长期摄入后在体内蓄积导致的慢性危害和长期效应（如"三致"作用）。有害矿物元素对人体健康的危害在大多数情况下是后者，主要特点如下：一是存在形式与毒性有关，以有机形式存在的矿物元素及水溶性较大的矿物盐类，在消化道吸收较多，通常毒性较大。二是有害作用与机体酶活性有关，许多矿物元素可与机体酶蛋白的活性基团，如巯基、羧基、氨基和羟基等结合，使酶的活性受到抑制甚至失去活性。三是蓄积性强，有害矿物元素进入人体后排出缓慢，生物半衰期较长，易在体内蓄积。四是食物中某些营养素影响有害矿物元素的毒性，如膳食蛋白质可与有害矿物元素结合，降低其在

肠道的吸收。五是具有生物富集作用，有害矿物元素可以通过食物链传递，通过富集作用提高有害元素浓度，如汞、镉经过食物链富集，浓度可提高上千倍。

目前已经明确对人体产生毒性的有害矿物元素主要包括：铅、镉、汞、砷、铬及铝等。

(6) 有毒动植物及其危害　人们往往认为纯天然的、不添加任何化学物质的食品就是安全的。但事实并非如此，有些动植物，本身就含有对它们自身无害但对其他生物有害的复杂的天然有毒有害物质，而人食用了这类含天然有毒有害物质的动植物或由于加工处理方法不当产生有毒有害物质的动植物后，往往会引起急性食物中毒。主要包括：河豚、贝类、动物甲状腺及肝脏等有毒动物及组织；未煮熟四季豆、发芽马铃薯、山大茴（红毒茴、山八角）、木薯、新鲜黄花菜等有毒植物或由于烹调不当产生毒性的植物。

按毒性成分分类，常见有毒动植物主要可分为：豆类毒素（未煮熟四季豆等）；生物碱糖苷（发芽马铃薯）；生氰糖苷（木薯、苦杏仁、淡水鱼胆汁）；蘑菇毒素；河豚毒素；组胺（鱼虾类）；贝类毒素等。

①河豚。河豚的有毒物质为河豚毒素，是一种神经毒，毒性相当于剧毒药品氰化钠的 1 250 倍，不足 1mg 就能致人死亡。最毒的部分是卵巢、肝，其次为肾、血液、眼睛、鳃和皮肤。鱼死后内脏毒素可渗入肌肉，而使本来无毒的肌肉也含毒。每年 2～5 月产卵期其卵巢毒性最强。河豚毒素可引起中枢神经麻痹，潜伏期 10min～3h。早期有手指、舌、唇刺痛感，然后出现恶心、呕吐、腹痛、腹泻等胃肠症状以及四肢无力、发冷、口唇和肢端知觉麻痹现象。重症患者瞳孔与角膜反射消失，四肢肌肉麻痹，以致发展到全身麻痹、瘫痪。呼吸表浅而不规则，严重者呼吸困难、血压下降、昏迷，最后可因呼吸麻痹而死亡。目前河豚中毒尚无特效解毒剂，应急处置时应采取催吐、洗胃等措施使患者尽快排出毒物，并给予对症治疗。

②有毒贝类。有毒贝类中毒是由于食用某些贝类如贻贝、蛤贝、牡蛎等引起，中毒特点为神经麻痹，故称为麻痹性贝类中毒。导致中毒的常见贝类有蚶子、花蛤等。贝类在某个时期某些地区有毒与藻类有关，尤其是与膝沟藻科（Conylaceae）的藻类大量繁殖并形成所谓"红潮"有关；贝类摄入的藻类毒素在其体内呈结合状态，对贝类无害。人食用贝类后，毒素迅速释放而使人中毒。这类毒素主要有：石房蛤毒素、新石房蛤毒素和膝沟藻毒素等。石房蛤毒素分子式为 $C_{10}H_{17}N_7O_4$，相对分子质量 299，具有两个碱基。

该毒素易溶于水，不被人的消化酶破坏，遇热稳定。

③鱼胆。鱼胆中毒系食鱼胆而引起的一种急性中毒。青鱼、草鱼、白鲇、鲈鱼、鲤鱼胆中含胆汁毒素，此毒素不能被热破坏，能严重损伤人体的肝、肾，使肝变性、坏死、肾小管受损、集合管阻塞、肾小球滤过减少，尿液排出受阻，在短时间内即导致肝、肾功能衰竭，也能损伤脑细胞和心肌。我国民间有以鱼胆治疗眼病或作为"凉药"的传统习惯，但因服用量、服用方法不当而发生中毒者也不少。因此，不论生吞、熟食或用酒送服，超过2.5g就可中毒，甚至死亡。

④热带鱼。有毒热带鱼是指栖息于热带和亚热带海域珊瑚礁附近因食用有毒藻类而被毒化的鱼类的总称，主要有梭鱼、黑鲈和真鲷等。有毒热带鱼的毒素称雪卡毒素，食用中毒时主要引起人体恶心、呕吐、口干、腹痉挛、腹泻、头痛、虚脱、寒战，口腔有金属味，有广泛肌肉痛等，重症可发展到不能行走或死亡。加热和冷冻均不能破坏雪卡毒素的毒性。

⑤青皮红肉鱼。包括鲐鱼、秋刀鱼、金枪鱼、鲭鱼、沙丁鱼、青鳞鱼、金线鱼等。这类鱼含有较高量的组氨酸，当鱼体不新鲜或腐败时，在细菌如摩氏摩根变形菌所产生的脱羧酶作用后，组氨酸脱羧基产生组胺。组胺引起过敏性食物中毒，成人100mg可引起中毒。组胺中毒的特点是发病快、症状轻、恢复快。潜伏期一般为0.5～1h，表现为面部、胸部及全身皮肤潮红，头晕，头痛，心跳加快，胸闷和呼吸急促，血压下降，个别患者出现哮喘，体温一般正常，1～2d恢复正常。治疗时使用抗组胺药能使中毒症状迅速消失，可口服苯海拉明，或静脉注射10%葡萄糖酸钙，同时口服维生素C。

⑥织纹螺。本身无毒，其致命的毒性是在生长环境中获得的，由于其摄食有毒藻类、富集和蓄积藻类毒素而被毒化，在其生长过程中富集了有毒藻类的一些神经麻痹毒素。织纹螺引起食物中毒的主要毒素是麻痹性贝类毒素，类似于河豚毒素。中毒病人主要呈神经性麻痹症状，死亡率较高。织纹螺因其体内含有"石房蛤毒素"，人食用后会因神经传导中断而中毒，可引起头晕、呕吐、口唇及手指麻木等症状，潜伏期最短为5min，最长为4h。一旦中毒应尽快采取催吐、导泻、洗胃等措施使患者尽快排出毒物，并给予对症治疗。国家已禁止出售和食用织纹螺。

⑦猪内脏。猪的甲状腺体毒性物质是甲状腺素。食入动物的甲状腺后，扰乱了人体正常的内分泌活动，使组织激素增加，代谢加快，交感神经过度兴奋，各器官系统活动平衡失调，严重的出现各种中毒表现。潜伏期10～

24h，表现为头痛、乏力、烦躁、抽搐、震颤、多汗、心悸，3～4d后可出现皮疹、脱皮。

正常的猪淋巴结色泽呈灰白色，略带黄色或玉白脂肪色。正常淋巴结不会导致中毒，病变的淋巴结中可能含有大量的细菌、病毒、毒素和病原微生物，危害很大。食用病变淋巴结后，可能引起人体感染、中毒、免疫功能下降等。

猪肾上腺位于猪肾上方，呈棕红色，外面色淡的为皮质，中间色深的为髓质，腺体外面包一纤维膜。猪肾上腺是内分泌腺体，含有大量的激素，易引起内分泌失调症状。人误食后使机体内的肾上腺素浓度增高，引起中毒。猪肾上腺激素中毒的潜伏期短，食后15～30min发病。血压急剧升高，呼吸困难，头晕头痛，心动过速，重者面色苍白，瞳孔散大，可因此诱发中风、心绞痛、心肌梗死等。

⑧蚶类。毛蚶、泥蚶、魁蚶等蚶类对甲肝等病毒有富集作用，能将污染在水体中的甲肝等病毒"收集"在体内。另外，由于水体、运输等，毛蚶内常常带有各种致病菌和病毒。生食或食用未经过烧熟煮透的蚶类易引发消化道疾病，甚至引起甲肝流行。1988年上海曾经出现因生食被甲肝病毒污染的毛蚶引发的甲肝流行，29万人患病。因此，目前禁止毛蚶等蚶类水产品流通上市。

⑨曼陀罗。曼陀罗俗称洋金花、大喇叭花等。其主要有毒成分为山莨菪碱、阿托品及东莨菪碱等。上述成分具有兴奋中枢神经系统，阻断M-胆碱反应系统，对抗和麻痹副交感神经的作用。潜伏期0.5～3h，早期症状为口、咽发干，吞咽困难，瞳孔散大，发烧，皮肤干燥潮红；食后2～6h可出现幻觉、躁动、抽搐、意识障碍等精神症状；严重者常于12～24h出现昏睡、呼吸浅慢、血压下降以致发生休克、昏迷和呼吸麻痹等危重症状。一般成人食用20～40颗、儿童食用3～8颗曼陀罗籽即可中毒。特别是儿童不要采食曼陀罗浆果及种子，防止曼陀罗种子混入豆类。

⑩豆荚类。四季豆、刀豆等豆荚类含皂苷和红细胞凝集素，对人体消化道具有强烈的刺激性，并对红细胞有溶解或凝集作用。如果烹调时加热不彻底，其中的毒素未被破坏，食用后会引起中毒。潜伏期为数十分钟至5h。主要为胃肠道症状，恶心、呕吐、腹痛、腹泻。以呕吐为主，并伴有头晕、头痛、出冷汗，有的四肢麻木，胃部有烧灼感，预后良好，病程一般为数小时或1～2d。轻症中毒者，只需静卧休息，少量多次地饮服糖开水或浓茶水。

中毒严重者，若呕吐不止、脱水，或有溶血表现时，应及时送医治疗。烹饪时应把四季豆等豆荚类食物充分加热，彻底炒熟，使其外观失去原有的生绿色，就可以破坏其中含有的皂苷和红细胞凝集素。

⑪鲜黄花菜。新鲜黄花菜的花粉中含有秋水仙碱，经肠道吸收后可在体内转变成二秋水仙碱。二秋水仙碱对消化道有强烈的刺激作用，它能影响细胞的有丝分裂，引起再生障碍性贫血；对神经中枢、平滑肌有麻痹作用，可造成血管扩张，呼吸麻痹，严重者可致死亡。轻微中毒症状为恶心、呕吐、腹泻以及腹痛等，严重者会出现肌肉疼痛无力、手指脚趾麻木等症状。秋水仙碱可溶解于水，因而通过水焯、泡煮等过程会减少其在蔬菜中的含量。所以，食用鲜黄花菜前应用水浸泡或用开水浸烫后弃水煮食用。

⑫发芽马铃薯。发芽马铃薯中含有的毒性成分为龙葵素，可引起溶血，并对运动中枢及呼吸中枢有麻痹作用。但是成熟的马铃薯含龙葵素很少，每100g 仅含 5～10mg 毒素。未成熟或发芽的马铃薯龙葵素含量明显增多，每100g 可达 30～60mg，甚至高达 400mg 以上。400mg 的龙葵素就能使成年人致命。潜伏期 1～12h。症状为咽喉部抓痒感或烧灼感，上腹部烧灼感，剧烈呕吐、腹泻，可导致水电解质紊乱。重症者可因心脏衰竭或呼吸中枢麻痹而死亡。所以要妥善贮存马铃薯防止发芽，彻底挖去芽和芽眼并削去芽眼周围的皮，烹调时可适量加食醋。

⑬霉变甘蔗。霉变甘蔗外观缺少光泽，有霉斑，质软，有轻度霉味或酒糟味。引起甘蔗变质的霉菌为节菱孢霉菌，其产生的毒素为 3 - 硝基丙酸，它是一种神经毒素，进入人体后可被迅速吸收，短时间内引起广泛性中枢神经系统损害，干扰细胞内酶的代谢，增强毛细血管的通透性，从而引起脑水肿。多在进食后 15min～8h 内发病。首先表现为恶心、呕吐、腹痛等症状，无腹泻，伴有头痛、头晕。轻者很快恢复，较重者胃肠道症状加重，频繁恶心、呕吐，并可发生昏睡。更重者出现抽搐，每日可多次发作，可伴有神经系统后遗症如痉挛性瘫痪。

⑭木薯。木薯含有的有毒物质为氰苷。氰苷经胃酸水解后可产生游离的氢氰酸，从而使人体中毒。氰离子能抑制组织细胞内多种酶的活性。氰离子能迅速与氧化型细胞色素氧化酶中的三价铁结合，造成组织缺氧。中毒后轻者头晕、恶心，精神不振；重者脉搏快，呼吸加快，转而呼吸困难、不规则，呼出气体带有氰酸特有的气味，瞳孔散大，体温降低，血压下降；更严重者，发病后立即昏迷，呼吸麻痹。

⑮生豆浆。生豆浆中的胰蛋白酶抑制素和皂苷是发生中毒的主要原因，进入胃肠道后可水解产生氢氰酸，强烈刺激消化道黏膜，导致充血或出血性炎症。胰蛋白酶抑制素还会选择性地与胰蛋白酶结合，使之失去活性，导致蛋白质水解为氨基酸的过程受到抑制。潜伏期很短，一般为 30~60min，主要表现为恶心、呕吐、腹胀、腹泻，可伴有腹痛、头晕、乏力等症状，一般不发热。轻者不需治疗可自愈，重者或儿童应及时到医院治疗。生豆浆加热至 80~90℃时，会出现大量的白色泡沫，实际上这是一种"假沸"现象，而此时豆浆并未煮熟，应继续加热至泡沫消失、豆浆沸腾，再持续加热 5~10min。

⑯苦杏仁。苦杏仁中含有较高含量的氰苷类化合物，这种化合物可水解产生剧毒物质——氢氰酸，对健康具有较大危害。中毒机理主要是氰苷被肠道菌群中的 β-葡萄糖苷酶水解，产生氢氰酸。氰离子能与细胞色素氧化酶的三价铁结合，致使血红蛋白丧失携氧能力，最后组织细胞因缺氧而窒息。过量服用苦杏仁，可发生中毒，表现为眩晕、突然晕倒、心悸、头疼、恶心、呕吐、惊厥、昏迷、发绀、瞳孔散大、对光反应消失、脉搏弱慢、呼吸急促或缓慢而不规则。若不及时抢救，可因呼吸衰竭而死亡。一般成人食用 40~60 颗苦杏仁会出现中毒症状。若食用，必须用清水充分浸泡，再敞锅蒸煮，使氢氰酸挥发掉。

⑰白果。白果是银杏的种仁。白果有毒成分主要是银杏酚和银杏酸。银杏酸吸收后损害神经系统，出现先兴奋后抑制症状，并损害末梢神经，引起功能障碍。银杏酸还具有溶血作用。中毒表现为恶心、呕吐、腹痛、腹泻、食欲不振等消化道症状。还有明显的神经系统受损表现：恐惧、惊厥、抽搐、四肢无力、瘫痪、呼吸困难等症状。严重者可导致呼吸麻痹而死亡。一般成人连吃 50 颗白果就会有中毒的危险。

⑱粗制棉籽油。粗制棉籽油中含有多种有毒物质，主要为存在于棉籽色素腺体中的棉酚、棉酚紫和棉绿素。游离棉酚在棉籽中含量高达 24%~40%，所以粗制棉籽油的毒性为游离棉酚。游离棉酚为细胞原浆毒，可损害肝、肾、心等实质器官和神经系统，可使近球小管重吸收钾减少及远球小管分泌钾增多，另因频繁呕吐丢失钾从而导致低钾血症；可直接抑制窦房结或使心脏植物神经功能失调引起窦性心动过缓；对生殖系统也有明显损害。一般在食用后 3~7d 出现临床症状，重者可伴有肝肾功能改变。大部分病例有低钾血症和窦性心动过缓，也是棉酚中毒的明显特征。血钾降低可致神经、肌肉兴奋性减低，出现四肢麻木、行走困难、肌腱反应减弱等。

⑲桐油。桐油是我国重要的一种工业油料。桐油内含的桐酸对黏膜有刺激性，吸收后可损害肝、肾。长期少量食用，可引起亚急性中毒，由于桐油全数被吸收，有时中毒症状较严重，并可致死。潜伏期 0.5～4h，轻者胸闷、头晕、恶心、呕吐、腹痛、腹泻，严重者全身酸痛无力，呼吸无力，因肾损害导致尿中出现蛋白质、管型、红细胞，肝区疼、肝肿大，很少出现死亡。因此，贮存桐油的容器应有标识，不应与食用油同时保存，以免误食。

⑳罂粟壳。罂粟壳中含多类生物碱类物质，如吗啡、可待因、罂粟碱、蒂巴因、那可丁等。罂粟壳中的这几种物质都具有不同程度的致瘾性，长期食用会对人体健康构成危险。急性中毒初期面色潮红、头晕、心动过速；中期面色苍白、知觉减退、四肢无力，并有恶心、呕吐；后期完全昏迷、血压下降、体温下降、反射基本消失，最后因呼吸衰竭而死亡。慢性中毒表现食欲不振、消瘦、贫血。我国已禁止在食品中添加罂粟壳，对于添加罂粟壳、罂粟粉等非食用物质的违法行为进行严厉打击并追究法律责任。

㉑有毒蘑菇。蘑菇又称蕈类，属于真菌植物，是人们喜爱的日常食物。但也有一些蘑菇含有毒素，可引起食物中毒。我国目前已鉴定的蘑菇中，可食用蘑菇 300 多种，有毒蘑菇 100 多种，其中含有剧毒可致死的约有 10 种。常见毒性强的有褐鳞小伞、肉褐鳞小伞、致命白毒伞（致命鹅膏菌）、鳞柄白毒伞、毒伞、残托斑毒伞、毒粉褶蕈、秋盔孢伞、包脚黑褶伞、鹿花菌等。

毒蘑菇中所含有的有毒成分很复杂，一种毒蘑菇可含有几种毒素，而一种毒素又可存在于数种毒蘑菇之中。根据所含有毒成分的临床表现，一般可分为：胃肠毒型毒蘑菇毒素、精神神经型毒蘑菇毒素、溶血型毒蘑菇毒素、脏器损害型毒蘑菇毒素、光过敏性皮炎型毒蘑菇毒素等。

3. 物理性污染

食品的物理性污染通常定义为外部来的物体或异物，包括在食品中非正常性出现的能引起疾病（包括物理外伤）和对个人有伤害的任何物理物质。与生物危害和化学危害一样，物理危害可能在生产经营过程的任何环节进入食品，食品的物理性污染也是威胁人类健康的重要食品安全问题之一。需要说明的是，并不是所有的物理危害都会使人体伤害或致病，物理性污染物来源复杂，种类繁多。根据污染物的性质可将物理性污染物分为两类，即任何在食品中发现的不正常的有潜在危害的杂质和放射性污染物。

（1）杂质　杂质是最常见的消费者投诉的问题。因为伤害立即发生或吃后不久发生，并且伤害的来源经常容易确认。以下是在食品中常见的杂质和来源：

①玻璃。主要是玻璃容器、工具（如瓶、罐、灯罩、温度计、仪表表盘）破裂产生的玻璃碎渣污染食品等。

②金属。生产加工过程机器中的零部件、农业生产中的金属碎片、电线片段、包装中的订书钉、从业人员饰品等不慎掉入食品中造成污染。

③塑料。包装袋、一次性手套等破损碎条不慎掉入食品中造成污染。

④头发。从业人员没有正确佩戴发帽，头发脱落不慎掉入食品中造成污染。

⑤其他恶意投入污染物。绝大部分食品杂质存在偶然性，杂质污染物纷繁复杂，以至于食品安全标准无法囊括全部杂质污染物，从而给食品杂质污染的预防与管理带来诸多困难。

（2）放射性污染物　食品中的放射性污染物分为天然放射性污染物和人工放射性污染物。其中，天然放射性污染物占主要地位。因为全球地壳中放射性核素的分布不均匀，一些自然高放射性地区的食品天然放射性物质含量会被检测到。当核事故发生时，在事故的发生地及其周边地区，泄漏的人工放射性核素会污染环境和食品，使食品中放射性物质超标。

二、食源性疾病概述

1. 食源性疾病的定义

世界卫生组织（WHO）对"食源性疾病"的定义为，"通过摄食方式进入人体内的各种致病因子引起的通常具有感染或中毒性质的一类疾病"，也就是人们通过摄食而使有毒有害物质（包括生物性病原体）等致病因子进入人体并造成的疾病。一般可分为感染性和中毒性，包括常见的食物中毒、肠道传染病、人畜共患传染病、寄生虫病以及化学性有毒有害物质引起的疾病。

食物中毒是指食用了被生物性、化学性有毒有害物质污染的食品或者食用了含有毒有害物质的食品后出现的急性、亚急性食源性疾患。虽然目前人们仍沿用"食物中毒"一词表示各种经由食物传播的急性疾病，但近20年来，人们已逐渐使用"食源性疾病"一词来取代"食物中毒"，并认为以"食源性疾病"一词表示经食物引起的各种疾病更为确切和科学。

2. 食源性疾病的特征

①食物传播。都是以食物和水源为载体使致病因子进入机体引起的疾病。

②暴发性。微生物引发的食源性疾病多为集体暴发，潜伏期较长（6～39h）；非微生物性食源性疾病多为散发或暴发，潜伏期较短（数分钟至数小时）。

③散发性。化学性食源性疾病和某些有毒动植物食源性疾病多以散发病例出现，各病例间在发病时间和地点上无明显联系，如毒蕈中毒、河豚中毒、有机磷中毒等。

④地区性。某些食源性疾病呈现出某一地区或某一人群高发的特征。例如，肉毒杆菌中毒在中国以新疆地区多见；副溶血性弧菌食物中毒主要发生在沿海地区；霉变甘蔗中毒多发生在北方地区；牛带绦虫病主要发生于有生食或半生食牛肉习俗的地区。

⑤季节性。某些疾病在一定季节内发病率升高。例如，细菌性食源性疾病一年四季均可发生，但以夏秋季发病率最高；有毒蘑菇、鲜黄花菜中毒易发生在春夏生长季节；霉变甘蔗中毒主要发生在2～5月。

3. 食源性疾病的分类

①食物中毒，指食用了被有毒有害物质污染或含有有毒有害物质的食品后出现的急性、亚急性疾病。

②与食物有关的变态反应性疾病。

③经食品感染的肠道传染病（如痢疾）、人畜共患传染病（如口蹄疫）、食源性寄生虫病（如旋毛虫病）等。

④因两次大量或长期少量摄入某些有毒有害物质而引起的慢性中毒性疾病。

4. 引发食源性疾病的危险因素

食用了被致病因子污染的食品和水是食源性疾病发生的最直接原因。而食品和水被病原体污染通常是由于食品本身带有病原体，食品在加工、运输、贮存和销售过程中被污染，通过患者或带菌者的操作而污染食品，也可由污染的水、患者的粪便等污染食品而传播疾病。

引发食源性疾病常见的危险因素如下：

①烹调后的食物保存不当，如煮熟的食物保存在室温条件下（25～40℃）超过2h。

②熟食或剩余食品在食用前重新加热的温度和时间不够，未能杀死病菌。

③肉、奶、蛋、豆类及其制品加热不彻底或不均匀，未烧熟煮透。

④冷冻肉及家禽在烹调前没有充分解冻。

⑤由于人员操作或者食品存放不当等造成生熟食品交叉污染。

⑥误食有毒的动植物或者烹调加工方法不当（如四季豆或豆浆未煮熟），没有去掉其中的有毒物质。

⑦生吃可能被寄生虫、细菌、病毒污染的水产品及其他食品。

⑧食物的体积过大，烹调的温度和时间不够。

⑨食品从业人员健康状况和卫生习惯不良。

⑩使用不洁净的水。

》》 第二节 食品安全事故 《《

一、食品安全事故

1. 食品安全事故的概念

《中华人民共和国食品安全法》（以下简称《食品安全法》）对食品安全事故有明确的定义。食品安全事故，是指食源性疾病、食品污染等源于食品，对人体健康有危害或者可能有危害的事故，即指在食物种植、养殖、生产加工、包装、仓储、运输、销售、消费等环节发生食源性疾病，造成社会公众病亡或者对人体健康构成潜在的危害。

2. 食品安全事故的特征

（1）公共性和危害性　食品是生命的物质基础，一旦被污染，可能涉及的人群多、范围广，直接危害着人们的健康甚至生命。这一特性决定了社会关注度高，其处置过程是否恰当更能影响政府的形象和公信力。

（2）突发性和不确定性　食品安全事故具有发生的突然性和事件演变过程的难以预测性。在有限的时间、信息、人力、物力资源等约束条件下，必须迅速决策，从常态管理转换到非常态管理，全方位调动资源，快速反应，控制事态，救治患者，组织调查，进行有效的媒体沟通，引导舆论，这是食品安全事故处置的核心。

二、食品安全事故的分级

根据《国家食品安全事故应急预案》（以下简称《应急预案》）、地方各级食品安全事故应急预案等规定，食品安全事故共分四级，即特别重大食品安全事故（Ⅰ级）、重大食品安全事故（Ⅱ级）、较大食品安全事故（Ⅲ级）和一般食品安全事故（Ⅳ级）。

Ⅰ级：经评估认为事故危害特别严重，对本省及周边省份造成严重威胁，并有进一步扩散趋势的；发生跨境（包括港澳台地区）食品安全事故，造成特别严重社会影响的；国务院认定的其他Ⅰ级食品安全事故。

Ⅱ级：受污染食品流入 2 个以上地市，造成或经评估认为可能造成对社会公众健康产生严重损害的食物中毒或食源性疾病的；1 起食源性疾病事件病例人数在 100 人以上（含 100 人），并出现死亡病例的；1 起食源性疾病事件造成 10 例以上死亡病例的；省级以上人民政府认定的其他Ⅱ级食品安全事故。

Ⅲ级：受污染食品流入 2 个以上（含 2 个）县（区），已造成健康损害后果的；1 起食源性疾病事件病例人数在 100 人以上（含 100 人）；或出现死亡病例的；市级以上人民政府认定的其他Ⅲ级食品安全事故。

Ⅳ级：存在健康损害的污染食品，已造成健康损害后果的；1 起食源性疾病事件病例人数在 99 人以下（含 99 人）；且未出现死亡病例的；县级以上人民政府认定的其他Ⅳ级食品安全事故。

》 第三节 食品安全事故应急管理 《

一、食品安全事故应急管理的概述

1. 食品安全事故应急管理的概念

应急管理是指政府及其他公共机构在突发事件的事前预防、事发应对、事中处置和善后恢复过程中，通过建立必要的应对机制，采取一系列必要措施，应用科学、技术、规划与管理等手段，保障公众生命、健康和财产安全，促进社会和谐健康发展的有关活动。

食品安全事故应急管理是指为避免或减少食品安全事故所造成的损害而采取的事前、事中和事后所有事务的管理行为，包括事前预防、事件识别、应急反应、反应决策、处理、善后以及应对评估等，目的是提高对食品安全事故的预见能力和事故发生后的应对处理能力。应急管理是一种特殊的管理，要求在相当有限的时间内，做出重大决策，集中有效资源，采取非常措施，在最短的时间内，尽可能控制事态，将食品安全事故危害降到最低。同时，应急管理还强调对前因后果进行分析，通过有效管理，避免事件的再次发生。

2. 食品安全事故应急管理的原则

《应急预案》中提出了四项工作原则，即以人为本，减少危害；统一领导，分级负责；科学评估，有效应对；居安思危、预防为主。

①以人为本，减少危害。把保障公众健康和生命安全作为应急处置的首要任务，最大限度减少食品安全事故造成的人员伤亡和健康损害。

②统一领导，分级负责。按照"统一领导、综合协调、分类管理、分级负责、属地管理为主"的应急管理体制，建立快速反应、协同应对的食品安全事故应急机制。

③科学评估，有效应对。有效使用食品安全风险监测、评估和预警等科学手段；充分发挥专业队伍的作用，提高应对食品安全事故的水平和能力。

④居安思危，预防为主。坚持预防与应急相结合，常态与非常态相结合，做好应急准备，落实各项防范措施，防患于未然。

3. 食品安全事故应急管理的内容

食品安全事故应急管理工作可概括为"一案三制"。"一案"是指应急预案，就是根据发生和可能发生的食品安全事故，事先研究制订的应对计划和方案。应急预案包括各级政府总体预案、专项预案和部门预案，以及基层单位的预案和大型活动的单项预案。"三制"是指应急工作的管理体制、运行机制和法制。食品安全事故的应急管理应建立以事故地政府为主，各地区、各部门协调配合的分级管理责任制，健全事故应急处置的专业队伍和专家队伍，建立事故监测预警、信息报告、应急决策和协调、分级响应、公众沟通与交流、科学评估与资源配置等运行机制，同时应加强应急管理的法制化建设，将食品安全事故应急管理工作纳入法制和制度的轨道，依法行政、依法实施应急处置工作，把法治精神贯穿于应急管理工作的全过程。

二、食品安全事故应急响应

根据食品安全事故分级情况，食品安全事故应急响应级别由低到高分为

Ⅳ级、Ⅲ级、Ⅱ级和Ⅰ级四个响应等级。

按照《食品安全法》和《应急预案》的规定，食品安全事故发生后，食品安全协调部门依法组织对事故进行分析评估，国务院和省、市、县级人民政府依据核定评估的事故级别，相应启动同级别事故（Ⅰ级、Ⅱ级、Ⅲ级和Ⅳ级）的应急响应。

核定为一般食品安全事故的，由县区（开发区）人民政府（管委会）、管理局批准启动Ⅳ级响应，成立县区（开发区）、管理局食品安全事故应急处置指挥部，组织开展应急处置；并向上一级人民政府和食品安全监管部门报告情况。必要时上一级人民政府派出工作组指导、协助事故应急处置工作。

核定为较大食品安全事故的，由设区市人民政府批准启动Ⅲ级响应，成立市食品安全事故应急处置指挥部，组织开展应急处置；相关成员单位在指挥部的统一指挥与协调下，按相应职责做好事故应急处置工作。事发地县区（开发区）人民政府（管委会）、管理局按照指挥部的统一部署，配合开展应急处置，并及时报告相关工作进展情况；指挥部办公室应及时向省级食品安全监管部门报告情况，必要时还应向省人民政府报告。

核定为重大、特别重大食品安全事故的，由指挥部提出相应级别的应急响应建议，报省级食品安全监督管理部门，在省食品安全事故应急指挥部组织领导下，配合开展应急处置工作。

三、食品安全事故应急处置中的职责分工

1. 指挥部职责

指挥部负责统一领导事故应急处置工作；研究重大应急决策和部署；组织发布食品安全事故的重要信息；审议批准指挥部办公室提交的应急处置工作报告等。

2. 指挥部办公室和下设工作组职责

指挥部办公室承担指挥部的日常工作；主要负责贯彻落实指挥部的各项部署，组织实施事故应急处置工作；检查督促相关地区和部门做好各项应急处置工作，及时有效地控制事故，防止事态蔓延扩大；研究协调解决事故应急处理工作中的具体问题；向本级政府指挥部及其成员单位报告、通报食品安全事故应急处置的工作情况；组织信息发布。指挥部办公室建立会商、发文、信息发布和督查等制度，确保快速反应、高效处置。

根据事故处置需要，指挥部可下设若干工作组，各工作组在指挥部办公室的统一指挥下开展工作，并随时向指挥部办公室报告工作开展情况。各工作组职责根据《应急预案》中的有关规定分工实施。

3. 部门及有关单位职责

（1）事故发生单位职责

①向辖区所在地食品安全监管部门报告，详细描述事故发生地、涉及人员数量、共同食用过的食品种类等信息。

②协助卫生健康部门抢救病人或者疑似病人。对需要住院救治的，应当及时送往医院进行救治。同时密切关注有共同进食史的人员，一旦出现不适症状，立即送至医院救治。

③启动食品安全事故应急处置方案，按照食品安全监督管理等部门的要求采取控制措施，立即停止可能导致食品安全事故的食品及其原料的销售、食用和使用。

④保护食品安全事故现场，控制和保存导致或者可能导致食品安全事故的食品及其原料、工具、设备和现场，并按要求提供有关食品及其原料等样品。

⑤事故处置结束后，在疾病预防控制机构指导下，对被污染的食品、相关产品及其工具用具、设施设备进行清洗消毒。

⑥召回导致或者可能导致食品安全事故的问题食品。

（2）医疗救治单位职责

①对食品安全事故中的病人提供医疗救护。

②收治食品安全事故病人或疑似病人后，应及时向卫生健康部门报告。

③做好食品安全事故中毒病人特效药品的贮备。

④详细询问病史，登记发病时间，制作完整的病历记录。

⑤保存病人的血清、呕吐物、排泄物等临床样品。

⑥协助疾病预防控制机构对食品安全事故进行调查，必要时，根据当地食品安全监督管理和卫生健康等部门的要求，协助开展流行病学调查和参加食品安全事故相关的分析及诊断等。

（3）食品安全监督管理部门职责

①应当按照应急预案的规定向本级人民政府和上级人民政府食品安全监督管理部门报告。

②县级以上人民政府食品安全监督管理部门接到食品安全风险预警信息

或疑似食品安全事故的报告后，应当立即牵头会同同级卫生健康、农业农村、海关等部门进行调查处理，防止或者减轻社会危害。

③封存可能导致食品安全事故的食品及其原料、食品相关产品，立即对其进行采样并检验；对确认属于被污染的食品及其原料，责令食品生产经营者依照《食品安全法》的规定召回或者停止经营。

④做好信息发布工作，依法对食品安全事故及其处理情况进行发布，组织专家对可能产生的危害开展风险交流。

⑤发生食品安全事故，县级以上食品安全监督管理部门应当立即会同有关部门进行事故责任调查，督促有关部门履行职责，向事故发生地同级人民政府和上一级人民政府、食品安全监督管理部门提交事故责任调查处理报告。涉及两个以上县区的重大食品安全事故由上一级食品安全监督管理部门依照有关规定组织事故责任调查。

⑥建立由法律学、流行病学、病原微生物学、分析化学、卫生毒理学、卫生统计学、食品检验检测和临床医学等不同专业技术领域专家组成的常设专家库，组织专家评定会，依法对食品安全事故进行分析评估，核定事故级别。

⑦做好人员、技术、设施、物质、药品、防护用品等应急准备或者贮备工作。开展食品安全事故应急演练等。

（4）卫生健康行政部门职责

①对因食品安全事故造成人身伤害的人员，应当立即组织应急救援工作。

②组织开展食品安全风险监测和风险研判。

③协助食品安全监管等部门开展食品安全事故调查处理，做好相应的物资准备。

④督促、指导疾病预防控制机构及时开展流行病学调查，并对事故现场进行卫生处理。

⑤县级人民政府卫生健康行政部门认为医疗机构上报的其接收的病人属于食源性疾病病人或者疑似病人的，应当按照规定及时通报同级食品安全监督管理部门；在调查处理传染病或其他突发公共卫生事件中发现与食品安全相关的信息，应当及时通报同级食品安全监督管理部门，按要求配合做好食品安全事故有关情况通报等。

（5）有关专业技术机构职责　食品安全应急处置专业技术机构一般包括疾病预防控制机构和其他相关食品安全技术机构，其中疾病预防控制机构的职责在《食品安全法》及其实施条例中进行了明确，其主要内容为：

①负责食品安全风险监测、信息收集与食品安全事故报告。

②负责开展现场流行病学调查，提出食品安全事故预防控制措施及对策，同时向食品安全监督管理部门、卫生健康部门提交流行病学调查报告。

③负责对事故现场进行卫生处理，按照食品安全事故处理的有关规定和工作流程对食品安全事故现场进行清洗消毒，对有关物品进行无害化处置等。

④参与食品安全事故或疑似事故的病例、从业人员生物标本等样品的采集和检验工作。

⑤参与食品安全事故相关资料的整理、讨论分析，以及食品安全事故的确定和调查报告的起草。

⑥协助医疗机构救治中毒病人或疑似病人等。

食品检验检测、认证认可和食品安全监督等其他相关技术机构，应当按照其主管部门的要求协助开展应急检验检测、流行病学调查、卫生学调查、事故责任调查和违法违规行为调查等应急处置相关工作。

四、食品安全事故的总结评估

在完成事故的调查与处置后，县级以上食品安全综合协调机构应组织相关人员对事故发生、发展、调查、处置的全过程进行总结，并对事故的发生原因、处置过程进行科学、详尽的分析，为后续监管提供参考建议。并撰写总结报告，以适当方式发送相关部门及人员。重点内容包括：

①组织实施情况。日常准备是否充分，调查是否及时、全面地开展，调查方法有哪些需要改进，调查资料是否完整，事故结论是否科学、合理。

②协调配合情况。调查是否得到有关部门的支持和配合，调查人员之间的沟通是否畅通，信息报告是否及时、准确。

③事件舆情变化情况。综合评估事件的舆情发展，是否及时控制，采取的风险交流策略对事件的发展取得的效果。

④调查中的经验和不足，需要向有关部门反映的问题和意见等。

事故调查过程中的所有文件、材料、照片、信息资料均统一报送至县级以上食品安全综合协调机构存档。

第二章

食品安全事故应急预案

>> 第一节 应急预案的概述 《

应急预案是应对食品安全事故的基础和重要环节，应急预案建设是食品安全事故应急工作中的重要内容之一。在食品安全事故应急实践工作中，应急预案发挥了重要作用。

一、应急预案的定义

食品安全事故应急预案，是针对可能发生的食品安全事故，为保证迅速、有序、有效地开展应急与救援行动，降低事故损失而预先制订的有关计划或方案。它是在辨识和评估潜在的重大风险、事故类型、发生的可能性、发生过程、事故后果及影响严重程度的基础上，对应急机构与职责、人员、技术、装备、设施（备）、物资、救援行动及其指挥与协调等方面预先做出的具体安排。其目的是解决"事故事前、事发、事中、事后，谁来做、做什么、何时做、怎样做"的问题。

各级政府和部门要建立"纵向到底，横向到边"的食品安全事故应急预案。所谓"纵"，就是按垂直层级的要求，从国家到省、市、县、乡镇各级政府和基层单位都要制定食品安全事故应急预案，不可断层；所谓"横"，就是所有种类的食品安全事故都要有部门管，都要制定专项预案和部门预案，不可或缺。相关预案之间要做到互相衔接，逐级细化。预案的层级越低，各项规定就要越明确、越具体，杜绝照搬照套。

二、编制程序和方法

食品安全事故应急预案的编制应当遵行科学性、系统性、针对性、完整性、可操作性的原则。通常来讲，应急预案的编制过程可分为以下五个步骤：一是成立预案编制小组；二是进行风险分析和应急能力评估；三是编制应急预案；四是应急预案的评审和发布；五是应急预案的实施。

应急预案在编制过程应注意的问题：一是分级分类制定应急预案的内容；二是应急预案之间的衔接；三是结合实际情况，确定应急预案的编制内容。应急预案的编制应按照相应的应急预案编制框架或指南进行。应急预案的格式应尽量采取与上级机构一致的格式，以便各级应急预案能更好地协调和对应。

»» 第二节　食品安全事故应急预案内容　««

一、应急预案主要内容

应急预案主要包括八部分内容：

（1）总则　主要明确应急预案的编制目的、编制依据、事故处置原则、适用范围、食品安全事故分级、食品安全事故处置权限等。

（2）组织指挥体系及职责　规定组织指挥机构的设置及职责、工作组及专业技术机构的组成及职责。

（3）应急保障　规定应急处置工作需要的信息保障、医疗保障、人员与技术保障、物资与经费保障、社会动员保障、宣传培训等措施。

（4）监测预警、报告与评估　根据应急管理的时间序列，划分为监测预警、事故报告、事故评估等内容。

（5）应急响应　规定应急的全过程管理要求，如响应级别、分级响应、响应措施、响应级别调整及终止、信息发布等。

（6）后期处理　明确事故处置后期中恢复秩序、分析总结、奖励与责任追究的有关规定。

（7）附则　包括各级预案备案、更新、应急演练、实施及解释权等。

（8）附录　主要包括各种规范化格式、应急指挥部成员单位及主要职责、食品安全事故分级、响应标准等。

二、应急预案参考模板

下面以某市食品安全事故应急预案为例，介绍具体内容。（《××市食品安全事故应急预案》由该市人民政府颁布下发）

××市食品安全事故应急预案

1 总则

1.1 编制目的

为提高食品安全保障和处置食品安全事故的能力，建立健全我市应对食品安全事故应急处置运行机制，积极应对食品安全事故，规范、高效组织应急处置工作，最大限度地减少食品安全事故的危害，保障公众身体健康与生命安全，维护社会和谐稳定，为我市经济社会发展提供相应保障。

1.2 编制依据

《中华人民共和国突发事件应对法》《中华人民共和国食品安全法》《中华人民共和国农产品质量安全法》《中华人民共和国食品安全法实施条例》《突发公共卫生事件应急条例》《国家突发公共事件总体应急预案》《国家食品安全事故应急预案》《食品安全事故流行病学调查工作规范》《食品安全事故流行病学调查技术指南（2012版)》等有关法律、法规、规章、文件及本市实际，制定本预案。

1.3 事故处置原则

（1）以人为本，减少危害。把保障公众健康和生命安全作为应急处置的首要任务，最大限度减少食品安全事故造成的人员伤亡和健康损害。

（2）统一领导，分级负责。按照"统一领导、综合协调、分类管理、分级负责、属地管理为主"的应急管理体制，建立快速反应、协同应对的食品安全事故应急机制。

（3）科学评估，有效应对。有效使用食品安全风险监测、评估和预警等科学手段；充分发挥专业队伍的作用，提高应对食品安全事故的水平和能力。

（4）居安思危，预防为主。坚持预防与应急相结合，常态与非常态相结合，做好应急准备，落实各项防范措施，防患于未然。

1.4 适应范围

本预案适用于全市范围内食品安全事故应对处置工作。家宴及家庭自制食品引起的食源性疾病，属于公共卫生事件的，按照《突发公共卫生事件应急预案》处置。其他食源性疾病中涉及传染疫情的，按照《中华人民共和国传染病防治法》处置。民航、铁路等交通区域食品安全突发事件有其他规定的，从其规定。

1.5　食品安全事故定义

食品安全事故，指食源性疾病、食品污染等源于食品，对人体健康有危害或者可能有危害的事故。

1.6　食品安全事故分级

食品安全事故按危害程度和影响范围，从低到高划分为一般食品安全事故、较大食品安全事故、重大食品安全事故、特别重大食品安全事故四个级别。

1.6.1　一般食品安全事故

符合下列情形之一的，为一般食品安全事故：

(1) 存在健康损害的污染食品，已造成健康损害后果的。

(2) 1起食物中毒事故中毒人数在30人以上（含30人）99人以下（含99人），且未出现死亡病例的。

(3) 县级以上人民政府认定的一般食品安全事故。

1.6.2　较大食品安全事故

符合下列情形之一的，为较大食品安全事故：

(1) 受污染食品流入2个以上（含2个）县（区）级行政区域，已造成健康损害后果的。

(2) 1起食物中毒事故中毒人数在100人以上（含100人），或出现死亡病例的。

(3) 市级以上人民政府认定的较大食品安全事故。

1.6.3　重大食品安全事故

符合下列情形之一的，为重大食品安全事故：

(1) 受污染食品流入省内2个以上设区市行政区域，造成或经评估认为可能造成对社会公众健康产生严重损害的食物中毒或食源性疾病的。

(2) 1起食物中毒事故中毒人数100人以上（含100人），并出现死亡病例的。

(3) 1起食物中毒事故造成10例以上死亡病例的。

(4) 省级以上人民政府认定的重大食品安全事故。

1.6.4 特别重大食品安全事故

符合下列情形之一的，为特别重大食品安全事故：

（1）经评估认为事故危害特别严重，对本省及周边省份造成严重威胁，并有进一步扩散趋势的。

（2）发生跨境（包括港澳台地区）食品安全事故，造成特别严重社会影响的。

（3）国务院认定的特别重大食品安全事故。

1.7 食品安全事故处置权限

食品安全事故发生后，市场监管部门会同卫生健康、农业农村等相关部门依法组织对事故进行分析评估，核定事故级别。

特别重大和重大食品安全事故，在国家特别重大食品安全事故应急处置指挥部和省重大食品安全事故应急处置指挥部统一领导、指挥下，配合开展事故应急处置工作。

较大食品安全事故，由市市场监督管理局（市食品安全委员会办公室）向市人民政府提出启动Ⅲ级响应建议，经市人民政府批准，成立较大食品安全事故应急处置指挥部（以下简称指挥部），统一组织开展事故应急处置工作。

一般食品安全事故，由事故发生所在县（区）人民政府（开发区、新区管委会）成立一般食品安全事故应急处置指挥部，统一组织开展事故应急处置工作。

在未核定食品安全事故级别阶段，由事故发生所在县（区）人民政府（开发区、新区管委会）或其相关职能部门先行处置。

2 组织指挥体系及职责

2.1 组织指挥机构

指挥部由市人民政府分管副市长任总指挥；副总指挥可由市人民政府副秘书长、市市场监督管理局局长、市农业农村局局长、市卫生健康委主任等同志担任。指挥部成员根据事故的性质和应急处置工作的需要确定，主要由市市场监督管理局、农业农村局、卫生健康委、公安局、商务局、城管局、工信局、城乡建设局、发改委、财政局、教育局、林业局、生态环境局、民宗局、民政局、科技局、交通运输局、文广新旅局、市委宣传部、市委网信办、投资促进局等部门以及相关行业协会组织的负责人组成。当事故涉及国外及中国港澳人员时，增加市外事办负责人为成员；当事故涉及中国台湾省人员时，增加市委台办负责人为成员。

指挥部下设办公室，办公室设在市市场监督管理局，办公室主任由市市场监督管理局局长兼任，市市场监督管理局、市农业农村局、市卫生健康委等相关部门分管领导任副主任。

市市场监督管理局食品安全协调处负责市食品安全委员会办公室日常工作，发生食品安全事故时，参加指挥部办公室工作。

2.2 指挥部职责

指挥部负责统一组织领导事故应急处置工作；研究应急决策和部署，制订并组织实施应对食品安全事故处置方案；审议批准指挥部办公室提交的应急处置工作报告；组织发布事故的重要信息；应急处置的其他工作。

2.3 指挥部办公室职责

指挥部办公室主要负责协调相关应急处置部门贯彻落实指挥部的决策部署；检查督促相关县区和部门落实各项应急处置工作，及时有效控制事故，防止事态蔓延扩大；协调解决事故应急处理工作中的具体问题，并对应急指挥部成员单位履行本预案规定的职责情况进行检查评估；向省食品安全委员会办公室报告食品安全事故应急处置情况；向市委、市政府及其成员单位报告、通报事故应急处置情况；组织协调、保障指挥部开展信息发布工作。

2.4 成员单位职责

各成员单位依据职责在指挥部统一领导下开展工作，加强对事故发生地人民政府（开发区、新区管委会）有关部门工作的督促、指导，积极参与应急救援工作。

2.5 工作组设置及职责

食品安全事故发生后，根据事故处置需要，指挥部可设若干工作组开展处置。各工作组在指挥部的统一调度下开展工作，按职责要求，组织实施应急处置，并随时向指挥部办公室报告工作进展情况。

2.5.1 事故调查组：由市市场监督管理局牵头，会同市农业农村局、市卫生健康委、市公安局等相关部门负责调查事故发生原因，评估事故影响，认定事故性质，尽快查明致病原因，提出处置措施方案或意见建议；对涉嫌犯罪的，由市公安局负责，督促、指导涉案地公安机关立案侦办，查清事实，依法追究刑事责任。根据实际需要，可在事故发生地就地成立事故调查组或派出部分人员赴现场开展事故调查。

2.5.2 危害控制组：由事故发生环节的具体监管职能部门牵头，会同相关监管部门进行调查处理，监督、指导事故发生地政府职能部门召回、下架、封存有关食品、原料、食品添加剂及食品相关产品，严格控制流通渠道，追溯源头、追踪流向，防止危害蔓延扩大。

2.5.3 医疗救治组：由市卫生健康委牵头负责，结合事故调查组的调查情况，组织医务力量制订救治方案，对健康受到危害的人员及时进行医疗救治。当受危害人员需进行转运救治时，提出医疗救护保障计划，由交通运输部门协调保障。

2.5.4 检测评估组：由市市场监督管理局牵头，市卫生健康委协助，组织应急处置专业技术机构，提出检测方案，实施相关检测，组织专家综合分析各方检测数据，分析事故原因，评估事故发展趋势，预测事故后果，为制订现场抢救方案和采取控制措施提供参考。检测分析结果应在第一时间报告指挥部办公室并通报有关部门。

2.5.5 维护稳定组：由市公安局牵头，指导事故发生地公安机关加强治安管理，维护社会稳定。

2.5.6 新闻宣传组：在市委宣传部指导下，市委网信办、市市场监督管理局等相关单位做好食品安全事故的舆情处置工作，及时、主动、准确、权威发布信息。

2.5.7 专家组：由有关方面（从市应急处置专家库抽调）专家组成的专家组，负责对事故进行分析评估，为应急处置工作及应急响应的调整和解除提供决策建议，必要时参与应急处置。

2.5.8 善后处置组：由市市场监督管理局、市农业农村局、市民政局、市公安局、市财政局、市卫生健康委等部门参加，指导有关部门或事发地人民政府（开发区、新区管委会）做好事故善后处置工作。

2.6 应急处置专业技术机构

食品药品、农产品、医疗、疾病预防控制等食品安全相关技术机构作为食品安全事故应急处置专业技术机构，在指挥部的组织领导下开展应急处置相关工作。其中，疾病预防控制机构为本级食品安全事故流行病学调查机构。

3 应急保障

3.1 信息保障

按照国家及省有关食品安全信息网络体系建设有关规定和要求，建立健全市食品安全信息网络体系。

有关部门应当建立完善信息报告机制和制度，畅通信息报告渠道，确保食品安全事故及时报告，信息及时收集和报送。

指挥部和县（区、开发区、新区）食品安全事故应急指挥部的工作平台应当与政府应急指挥平台联通，并确定参与部门和单位的通信方式；参与食品安全事故应急处置工作的相关部门（单位）、应急专业队伍以及县（区、开发区、新区）食品安全事故应急指挥部办公室，应当明确带班领导和联络员，并保证24h值守，通信全时畅通。

3.2 医疗保障

卫生健康部门建立功能完善、反应灵敏、运转协调、持续发展的医疗救治体系，在食品安全事故造成人员伤害时迅速开展医疗救治。

3.3 人员及技术保障

指挥部办公室负责组织突发食品安全事故相关单位、部门人员、专家参加事故处理。

应急处置专业技术机构要结合本机构职责加强应急处置队伍建设，开展专业技术人员食品安全事故应急处置能力培训和应急演练，提高快速应对能力和技术水平。健全专家队伍，为事故核实、级别核定、事故隐患预警及应急响应等相关工作提供技术力量保障。

3.4 物资与经费保障

3.4.1 物资保障

市、县（区）人民政府（开发区、新区管委会）应当保障食品安全事故应急处置所需设施、设备和物资，建立食品安全事故应急物资储备制度，保障应对食品安全事故的物资供应。食品安全事故应急处置使用储备物资后须及时补充。

3.4.2 经费保障

市、县（区）人民政府（开发区、新区管委会）应保障食品安全事故应急建设经费。

财政部门按规定落实对食品安全事故应急处置专业机构的财政补助

政策和食品安全事故应急处置经费。食品安全事故应急处置经费由指挥部办公室提出，经同级财政审核后，按规定程序列入年度财政预算。处置食品安全事故所需经费按照现行事权、财权划分原则分级负担。

3.5 社会动员保障

根据食品安全事故应急处置的需要，可动员和组织社会力量协助参与应急处置，必要时依法调用企业及个人物资。在动用社会力量或企业、个人物资进行应急处置后，应当及时归还或给予补偿。

3.6 宣教培训

各有关部门应当加强对食品安全专业人员、食品生产经营者及广大消费者的食品安全知识宣传、教育与培训，促进专业人员掌握食品安全相关作业技能，增强食品生产经营者的主体责任意识，提高消费者的风险意识和防范能力。食品安全事故发生后，各级食品安全监管部门要组织专家、企业、媒体、公众等开展风险交流活动，让群众及时了解真相，消除恐慌。

4 监测预警、报告与评估

4.1 监测预警

结合我市实际，开展食品安全风险监测。市卫生健康委根据食品安全风险监测结果，对食品安全状况进行综合分析，对可能存在食品安全隐患的，应及时将信息通报食品安全监管部门。

有关单位发现食品安全隐患，应及时通报食品安全监管部门和行业主管部门，并先行依法采取有效控制措施。新闻媒体、通信运营企业要按有关要求及时准确播报和转发食品安全监管部门发布的食品安全预警信息。

4.2 事故信息报告

4.2.1 事故信息来源

（1）食品安全事故发生单位与引发食品安全事故食品生产经营单位报告的信息。

（2）医疗机构报告的信息。

（3）食品安全相关技术机构监测和分析结果。

（4）经核实的公众举报信息。

（5）经核实的媒体披露与报道信息。

（6）其他地区和部门通报的信息。

4.2.2　报告主体和时限

（1）食品生产经营者、医疗机构、食品安全相关技术机构、社会团体、个人一旦发现食品安全事故或者可能造成食品安全事故的隐患，应当及时向所在地县级以上市场监督管理部门报告。接到报告的市场监督管理部门应当按规定向本级人民政府和上级市场监督管理部门报告。情况紧急时，可先电话报告或越级上报，判明情况后再跟进补报。县级市场监督管理部门在接到食品安全事故报告后，应在2h内向市市场监督管理局报告。

（2）发生食品安全事故的单位应当立即采取措施，按预定的应急方案进行先期处置，防止事态扩大。事故单位应当及时向事发地县级市场监督管理部门报告，收治病人的医疗机构应当及时向所在地卫生健康部门报告。

（3）医疗机构发现其接诊的病人属于食物中毒或疑似食物中毒的，应及时向所在地疾病预防控制机构报告，疾病预防控制机构应及时开展流行病学调查并将调查结果向市场监督管理部门（食品安全办公室）和卫生健康部门报告。经确定为食品安全事故的，医疗机构每天还应向其所在地卫生健康部门和疾病预防控制机构报告收治病人的有关诊疗信息。卫生健康部门每天将上述信息向同级市场监督管理部门通报。

（4）有关监管部门发现或接到食品安全事故报告或举报，经初步核实后，应当立即通报同级市场监督管理部门，对后续收集信息，也应及时通报。

（5）经初步核实为食品安全事故且需要启动应急响应的，市场监督管理部门应当按规定向本级人民政府及上级市场监督管理部门报告。

任何单位或个人不得隐瞒、谎报、缓报食品安全事故，不得隐匿、伪造、毁灭有关证据。

4.2.3　报告内容

食品安全事故报告包括以下信息：事故发生单位、时间、地点、危害程度、伤亡人数、主要临床表现、可疑食物、已采取的措施、简要处置经过、报告单位信息（含报告时间、报告单位联系人及联系方式）等有关内容；并随时通报或者补报工作进展。

4.3 事故评估

食品安全事故发生后，有关部门、单位应当按规定及时向食品安全监管部门提供相关信息和资料，由食品安全办公室统一组织协调，依法组织开展事故分析评估，初步核定事故级别。

食品安全事故评估是为核定食品安全事故级别和确定应采取的措施而进行的评估。评估内容包括：

（1）污染食品可能导致的健康损害及所涉及的范围，是否造成健康损害后果及严重程度。

（2）事故的影响范围及严重程度。

（3）事故发展蔓延趋势。

5 应急响应

5.1 响应级别

根据食品安全事故分级情况，食品安全事故应急响应级别由低到高分为Ⅳ级、Ⅲ级、Ⅱ级和Ⅰ级四个响应等级。

5.2 分级响应

核定为一般食品安全事故的，由县（区）人民政府（开发区、新区管委会）批准启动Ⅳ级响应，成立县（区、开发区、新区）一般食品安全事故应急处置指挥部，组织开展应急处置；并向市人民政府和市市场监督管理局报告情况。必要时市人民政府派出工作组指导、协助事故应急处置工作。

核定为较大食品安全事故的，由市人民政府批准启动Ⅲ级响应，成立市食品安全事故应急处置指挥部，组织开展应急处置；相关成员单位在指挥部的统一指挥与协调下，按相应职责做好事故应急处置工作。事发地县（区）人民政府（开发区、新区管委会）按照指挥部的统一部署，配合开展应急处置，并及时报告相关工作进展情况；指挥部办公室应及时向省市场监督管理局报告情况，必要时还应向省人民政府报告。

核定为重大、特别重大食品安全事故的，由指挥部提出相应级别的应急响应建议，报省市场监督管理局，在省食品安全事故应急指挥部组织领导下，配合开展应急处置工作。

5.3 响应措施

事故发生后，事发地人民政府应立即组织有关部门，及时到达事故发生地开展先期处置工作。根据对事故初步分析评估，确定事故等级和事故处置的主体。同时，依据事故性质、特点和危害程度，按规定采取下列应急处置措施，最大限度减轻事故危害：

（1）最先到达事故发生地的相关部门和事故发生单位按照相应的处置方案开展先期处置，立即组织人员救治，封存导致或者可能导致食品安全事故的食品及其原料、工（器）具、设备等，保护好事发现场，并配合市场监督管理部门、农业农村部门、疾病预防控制机构等相关部门做好食品安全事故的应急处置。

（2）卫生健康部门负责组织有关医疗机构开展食品安全事故患者的救治。

（3）各应急处置专业技术机构根据职责迅速开展现场调查、卫生学评价、危害因素调查与监测、现场抽检等工作，提交相关检测报告；疾病预防控制机构对事故现场进行卫生处理，对事故有关因素开展流行病学调查（有关部门、单位和人员应当全力配合），并向同级市场监督管理部门和卫生健康部门提交流行病学调查报告，尽快查找食品安全事故发生的原因；市场监督管理部门组织专家对检测数据进行综合分析和评估，研判事故发展态势、预测事故后果，为判定事故级别、制订事故调查方案和现场处置措施提供参考。

（4）对于食品安全事故发生单位与接诊病人医疗机构不在同一县（区）的，接诊病人医疗机构所在地的疾病预防控制机构应及时将人群流行病学调查、有关实验室检验等资料提交给上级疾病预防控制机构，由上级疾病预防控制机构移交事故发生地的疾病预防控制机构。经确定为食品安全事故的，接诊病人医疗机构每天还应向事故发生单位所在地疾病预防控制机构通报收治病人有关诊断治疗信息。

（5）市场监督管理部门接到有关食品安全事故信息报告后，应立即会同公安、农业农村等部门开展调查处理，对事故现场进行控制，依法强制封存事故相关食品及其原料、被污染的食品用工具及器具，采集相关食品及其原料、工具、器具、设备等进行检验。所采集的食品样品应送给事故发生地食品相关检验检测机构进行检验，医院病例的标本由疾病预防控制机构进行检验；检验后确认未被污染的食品及其原料、工具、器具、设备等应当予以解封；对涉嫌犯罪的，公安机关应及时开展立案调查工作。

（6）对确认受到有毒有害物质污染的相关食品及其原料、食品等，市场监督管理、农业农村等有关部门应当依法责令生产经营者召回、停止经营并销毁；对相关工具、器具、设备由相关主管部门负责指导事发单位进行洗消处理。

（7）在开展事故流行病学调查、危害因素调查和实施现场控制措施时，市场监督管理部门、疾病预防控制机构等相关部门应当做到同步进行、分工明确、相互配合、及时沟通，提高事故调查处置的工作效率。

（8）对阻挠、毁坏抽样样品的行为，可由执法部门依法进行干预并强制抽样；对涉嫌犯罪的，公安机关及时介入，依法处置。

（9）及时组织研判事故发展态势，并向事故可能蔓延到的地方人民政府或监管部门通报信息，提醒做好应对准备。

5.4 响应级别调整及终止

在食品安全事故处置过程中，要遵循事物发展的客观规律，结合防控工作实际，根据评估结果及时调整应急响应级别，直至响应终止。

5.4.1 响应级别调整条件

（1）级别提高。当事故影响和危害进一步扩大，并有蔓延趋势，情况复杂难以控制时，应当及时提高响应级别。

当学校或托幼机构、全国性或区域性重要活动期间发生食品安全事故时，可相应提高响应级别，加大应急处置力度，确保迅速、有效控制食品安全事故，维护社会稳定。

（2）级别降低。事故危害得到有效控制，且经研判认为事故危害程度降低到原级别评估标准以下的，可降低应急响应级别。

5.4.2 响应终止条件

当食品安全事故得到控制，并达到以下两项要求，经分析评估认为可解除响应的，可以终止响应：

（1）食品安全事故伤病员全部得到救治，患者病情稳定 24h 以上，且无新的急性病症患者出现，食源性感染性疾病在末例患者后经过最长潜伏期无新病例出现。

（2）现场、受污染食品得到有效控制，食品与环境污染得到有效清理并符合相关标准，次生、衍生事故隐患消除。

市场监督管理部门应及时组织专家为食品安全事故应急响应级别调整和终止进行分析论证，提供技术支持与指导。

5.4.3 响应级别调整及终止程序

指挥部办公室组织对事故进行分析评估论证，认为符合级别调整条件的，应提出调整应急响应级别建议，报应急指挥部批准后实施。应急响应级别调整后，事故相关地人民政府应当结合调整后级别采取相应措施。评估认为符合响应终止条件时，指挥部办公室提出终止响应的建议，报指挥部批准后实施。

5.5 信息发布

食品安全事故信息发布由负责事故处置的指挥机构或其指定的单位统一组织，采取召开新闻发布会、发布新闻通稿等形式向社会发布，并做好宣传报道和舆情引导。

6 后期处置

6.1 恢复秩序

应急处置工作结束后，事发地人民政府及有关部门要积极稳妥、深入细致地做好善后处置工作，消除事故影响，恢复正常秩序；完善相关政策，规范行业秩序，促进行业健康发展。

食品安全事故发生后，保险机构应当及时开展应急救援人员保险受理和受害人员保险理赔工作。造成食品安全事故的责任单位和责任人应当按照有关规定对受害人给予赔偿，承担受害人后续治疗及保障等相关费用。

6.2 分析总结

食品安全事故处置结束后，市场监督管理部门应在恢复秩序的基础上，组织有关部门及时对食品安全事故和应急处置工作进行总结，分析事故原因，评估影响，评价应急处置工作效果，提出对类似事故的防范和处置建议，并在规定时限内向市人民政府和省市场监督管理局报送总结报告。

6.3 奖惩

6.3.1 奖励

按照国家有关规定，对在食品安全事故应急处置工作中做出突出贡献的先进集体和个人，应当给予通报表扬或奖励。

6.3.2 责任追究

对迟报、谎报、瞒报和漏报食品安全事故重要信息影响事故处置或在应急处置中有其他失职、渎职行为的，由相关职能部门进行调查处理，对事故直接责任人和单位依法追究责任；构成犯罪的，依法追究刑事责任。

7 附则

7.1 预案备案

县（区）人民政府（开发区、新区管委会）参照本预案，制定本地区食品安全事故应急预案，并报送上一级人民政府备案，同时抄送上一级人民政府主管部门备案。

7.2 预案更新

有下列情形之一的，应当结合实际，及时修订应急预案：

（1）有关法律、法规、规章、标准、上位预案发生变化的。

（2）应急指挥机构及其职责发生重大调整的。

（3）相关单位发生重大变化的。

（4）面临的风险或其他重要环境因素发生重大变化的。

（5）重要应急资源发生重大变化的。

（6）预案中的其他重要信息发生变化的。

（7）在突发事件实际应对和应急演练中发现需要做出重大调整的。

（8）应急预案制定单位认为应当修订的其他情况。

7.3 演习演练

各有关部门要通过开展食品安全事故应急处置演练，检验和强化应急准备和应急响应能力，及时总结评估，完善应急预案。

7.4 预案解释

本预案授权市市场监督管理局负责解释。

7.5 预案实施

本预案自发布之日起施行。

8 附件

8.1 食品安全事故应急指挥部成员单位及主要职责

市市场监督管理局：负责建立食品安全应急工作综合协调机制，组织开展食品安全事故调查；负责全市食品安全应急管理体系建设，指导应急处置和调查处理工作；协同相关部门做好食品安全风险监测；组织专家及相关部门分析监测、检测数据，提出相关评估结果，判定食品安全事故分级、应急响应级别，为政府决策提供依据；建立统一的食品安全检验检测技术支撑体系和食品安全事故应急处置专家库；组织食品检验检测、宣传教育、信息报告及新闻发布工作。负责组织食品（含保健食品）生产、流通、餐饮服务等环节食品安全事故中违法行为的行政处罚调查处理，并依法采取必要的应急处置措施，防止或减轻社会危害及次生灾害。负责对发生食品安全事故经营主体资质及食品相关产品的调查处理等工作，并将相关卫生学结果通报至市卫健委；依法查处食品违法广告。

市农业农村局：负责食品安全事故中监管职责范围内的食用农产品、农药、肥料、兽药、饲料、饲料添加剂、畜禽屠宰及生鲜乳收购环节等的调查、检测检验、风险评估、信息报告和处理等工作，提出相关评估结论，依法采取必要应急措施，防止或减轻事故危害；负责食品安全事故发生地粮食应急供应工作；负责粮油收购、贮存、运输过程中较大粮油安全的调查处理等工作。

市卫生健康委：负责食品安全事故医疗救援工作、食品安全风险监测与评估、食品安全事故流行病学调查、患者标本采样与实验室检测、相关信息收集和报告等工作；负责医疗机构医务人员的应急救援技能培训和演练、食品安全突发事件中的疾病预防控制和公众卫生防护等工作。

市委宣传部：负责指导市市场监督管理局等相关单位做好食品安全事故的舆情处置工作，及时、主动、准确、权威发布信息。

市科技局：负责组织开展食品安全监测、预警与处置科学技术研究和开发，为食品安全应急体系建设提供技术支撑。

市工信局：负责引导食品工业企业实施技术改造，鼓励开展诚信体系建设，推进食品工业转型升级；协助乳品、转基因食品、酒类和食盐等特定食品工业中食品安全事故的调查和应急处置；协助食品安全事故应急处置所需设备、装备及相关产品的保障供给。

市教育局：负责组织学校食品安全风险防控教育，做好学校食品安全管理，指导学校完善食品安全应急措施；协助相关部门对学校食堂、学生在校集体用餐造成的食品安全事故进行调查及应急处理等工作。

市公安局：负责指导、协调、组织食品安全事故发生地公安机关对涉嫌刑事犯罪的食品安全侦查工作；加强对食品安全事故现场的治安管理，维护救治秩序、社会治安秩序和交通秩序。

市民政局：协助做好受食品安全事故影响的群众善后工作，协助食品安全监管部门对养老机构食堂集体用餐造成的食品安全事故进行调查及组织应急处理。

市财政局：负责安排食品安全检验检测、风险监测经费和应急物资储备所需经费，保障食品安全事故的预防、监测、应急处置及应急队伍体系建设运行经费。

市商务局：协助做好商贸流通领域、餐饮服务环节食品安全事故的调查处置工作，负责组织食品安全事故应急救援所需重要生活必需品的保障工作。

市投资促进局：协助做好涉及进出口环节食品安全事故调查处置工作。

市生态环境局：负责组织开展事故发生地应急救援过程中涉及环境保护的应急监测和环境安全隐患排查工作；参与环境污染相关食品安全事故的调查处理。

市交通运输局：协助做好突发食品安全事故应急处置工作的道路、水路运输保障。

市外事办：协助做好涉及国外或中国港澳人员的食品安全事故应急处置工作。

市委台办：协助做好涉及中国台湾地区人员的食品安全事故应急处置工作。

市文广新旅局：协助有关食品安全监管部门对涉及旅游景区及旅游团队的食品安全事故应急处置工作。

市城管局：协助涉及占道经营和流动摊贩所引发的食品安全事故调查处理；协助对涉及生活饮用水的食品安全事故调查及应急处理。

市建设局：协助食品安全监管部门对建筑工地食堂、民工在建筑工地集体用餐造成的食品安全事故进行调查及组织应急处理。

市发改委：负责将较大食品安全事故应急体系建设列入市经济和社会发展计划，加强较大食品安全事故对全市经济和社会发展影响的分析。

市林业局：协助对涉及林产品的食品安全事故调查及应急处理。

市民宗局：配合食品安全监管部门对涉及清真食品、少数民族人员集中单位和人员的食品安全事故进行调查及应急处理。

市委网信办：负责统筹协调组织食品安全事故互联网宣传管理和舆情引导工作。

市食品安全办：参加、支持指挥部办公室工作，并监督、指导、协调事故处置及责任调查处理工作。

其他市食品安全委员会有关部门按照法定职责实施食品安全事故应急处置，同时有责任配合和协助其他部门做好食品安全事故应急处置工作。

8.2 食品安全事故分级、响应标准

事故分级	评估指标	应急响应	启动级别
Ⅰ级	（1）经评估认为事故危害特别严重，对本省及周边省份造成严重威胁，并有进一步扩散趋势的； （2）发生跨境（包括我国港澳台地区）食品安全事故，造成特别严重社会影响的； （3）国务院认定的其他Ⅰ级食品安全事故	Ⅰ级响应	国家级
Ⅱ级	（1）受污染食品流入2个以上地市，造成或经评估认为可能造成对社会公众健康产生严重损害的食物中毒或食源性疾病的； （2）1起食物中毒事故中毒人数在100人以上（含100人），并出现死亡病例的； （3）1起食物中毒事故造成10例以上死亡病例的； （4）省级以上人民政府认定的其他Ⅱ级食品安全事故	Ⅱ级响应	省级
Ⅲ级	（1）受污染食品流入2个以上（含2个）县（区），已造成健康损害后果的； （2）1起食物中毒事故中毒人数在100人以上（含100人）；或出现死亡病例的； （3）市级以上人民政府认定的其他Ⅲ级食品安全事故	Ⅲ级响应	市级
Ⅳ级	（1）存在健康损害的污染食品，已造成健康损害后果的； （2）1起食物中毒事故中毒人数在30人以上（含30人）99人以下（含99人），且未出现死亡病例的； （3）县级以上人民政府认定的其他Ⅳ级食品安全事故	Ⅳ级响应	县级

8.3 规范化格式文本

8.3.1 关于_____（群体性食源性疾病事件）预警公告

×× 字〔 〕 _____ 号

根据_____（机关、部门、单位）预测（报告），____ 年 ____ 月 ____ 日 ____ 时，我市 ____ 县（市、区），_____ 环节的监测数据呈现高风险态势，将可能发生区域性、系统性风险。经市食品安全事故应急指挥部决定，进入_____预警状态。各有关部门和单位务必按照《食品安全事故应急预案》确定的分工，认真履行职责，全力做好应急准备工作。

特此公告

_____（盖章）

年 月 日

（此文本适用于食品安全事故监测预警出现中、高风险状态时，指引有关单位、社会公众须注意、防范的问题和予以配合行动等内容，由各级食品安全委发布。）

8.3.2 关于启动_____（群体性食源性疾病事件）应急预案的通知

×× 字〔 〕 _____ 号

_____ ：

____ 年 ____ 月 ____ 日 ____ 时，我市_____县（区、开发区、新区）_____乡（镇、街道）_____单位发生了（食品安全事故）。到目前，已造成_____（人员伤亡数量、财产损失等情况）（附表）。事件的原因是_____（或者原因正在调查）。

鉴于_____（事件的严重、紧急程度等）预警状态。根据有关法律法规和《突发事件总体应急预案》以及《食品安全事故应急预案》之规定，经研究，决定启动应急预案。_____（对有关部门和单位的工作提出要求）。

特此公告

_____（盖章）

年 月 日

（此文本适用于已确定为食品安全事故，且根据级别应启动应急响应时，由当地食品安全办公室下发。）

8.3.3 关于_____（群体性食源性疾病事件）的情况报告

×××字〔 〕_____号

_____：

___年___月___日___时，我市_____县（区、开发区、新区）_____乡（镇、街道）_____单位发生了_____（食品安全事故）。到目前，已造成_____（人员伤亡数量、财产损失等情况）（附表），主要临床表现为_____，可疑食物为_____。事件的原因是_____（或者原因正在调查）。

已采取的措施有：

1._____；

2._____；

3._____等（可用附件）。

事件的进展情况将续报。

专此报告

_____（盖章）

年　月　日

（此文本适用于事故发生后，首次向上级主管部门、属地党委政府报告事故情况，由当地食品安全办公室行文上报。）

8.3.4 关于_____（群体性食源性疾病事件）的情况续报

×××字〔 〕_____号

_____：

现将___年___月___日___时，我市_____县（区、开发区、新区）_____乡（镇、街道）_____单位发生（食品安全事故）的有关情况续报如下：

截至___年___月___日___时，_____（食品安全事故）已造成_____（人员伤亡数量、财产损失等情况）（附表）。事件的原因是_____（或者原因正在调查）。

事件发生后，市食品安全事故应急指挥部启动了《食品安全事故应急预案》，_____（采取的应急处置、救援措施等基本情况，可用附件）。目前，_____（事态得到控制情况或者发展、蔓延趋势以及是否需要请求支援等）。

专此报告

_____（盖章）

年　月　日

（此文本适用于食品安全事故应急处置进程中，向上级主管部门、同级党委政府报告事故处置情况，由属地食品安全办公室行文上报。）

8.3.5　关于_____（群体性食源性疾病事件）的情况通报

××字〔 〕_____号

_____：

___年___月___日___时，我市_____县（区、开发区、新区）_____乡（镇、街道）_____单位发生了（食品安全事故）。到目前，已造成_____（人员伤亡数量、财产损失等情况）（附表）。事件的原因_____（或者原因正在调查）。

根据_____（部门、单位）预测，该事件可能向贵市_____县（市、区）蔓延，请注意防范。

专此通报

_____（盖章）

年　月　日

（此文本适用于食品安全事故应急处置中，发现事故范围可能波及其他地区时，向同级地方党委政府、食品安全办公室告知事故相关情况，由属地食品安全办公室行文通报。）

8.3.6　关于结束_____（食品安全事故）应急状态的公告

××字〔 〕_____号

___年___月___日___时，我市_____县（区、开发区、新区）_____乡（镇、街道）_____单位发生了（食品安全事故）。到目前，已造成_____（人员伤亡数量、财产损失等情况）。事件的原因是_____（或者原因正在调查）。

事件发生后，市食品安全事故应急指挥部依据《食品安全事故应急预案》启动____级响应，_____（采取的应急处置、救援措施等基本情况）。

鉴于事件已得到有效控制（或基本消除），根据《突发事件总体应急预案》《食品安全事故应急预案》的有关规定，经研究，现决定结束应急状态。请各有关部门、单位抓紧做好善后工作。

专此公告

_____（盖章）

年　月　日

（此文本适用于食品安全事故处置终止应急响应时，向公众告知事故处置已结束，由属地食品安全办公室行文发布。）

8.3.7 关于_____（群体性食源性疾病事件）的新闻发布稿件（1）

××字〔　〕_____号

____年___月___日___时，我市_____县（区、开发区、新区）_____乡（镇、街道）_____单位发生_____（食品安全事故）。到目前，已造成_____（人员伤亡数量、财产损失等情况）。事件的原因是_____（或者原因正在调查）。

事件发生后，市食品安全事故应急指挥部依据《食品安全事故应急预案》启动了____级响应，_____（政府和有关部门对该事件所采取的应急处置、救援措施及下一步还将采取的行动等基本情况）。_____（提示指引有关单位、社会公众须注意、防范的问题和予以配合行动的内容）。

_____（盖章）

年　月　日

（本文本适用于食品安全事故刚发生，根据《食品安全事故应急预案》，由负责食品安全事故信息发布的部门或单位向媒体或公众发布。）

8.3.8 关于_____（群体性食源性疾病事件）的新闻发布稿件（2）

××字〔　〕_____号

____年___月___日___时，我市_____县（区、开发区、新区）_____乡（镇、街道）_____单位发生_____（食品安全事故）。到目前，已造成_____（人员伤亡数量、财产损失等情况）。事件的原因是_____（或者原因正在调查）。

事件发生后，市食品安全事故应急指挥部依据《食品安全事故应急预案》，启动了_____级应急响应，_____（政府和有关部门对该事件所采取的应急处置、救援措施及下一步还将采取的行动等基本情况）。鉴于事件已得到有效控制（或基本消除），_____（政府）已宣布应急结束。_____（机关、部门）正抓紧进行善后（后期处置工作）。

_____（盖章）

年 月 日

（本文本适用于食品安全事故处置过程中，根据《食品安全事故应急预案》，由负责食品安全事故信息发布的部门或单位向媒体或公众发布。）

8.3.9 关于_____群体性食源性疾病事件病亡情况统计表

填报单位：　　　　　填报时间：　　　　　（盖章）

接诊单位名称	接诊病人数									治愈病人数						死亡人数		现有病人数		
	目前累计数			原有病人累计数			本时段新增数			累计治愈数			本时段治愈数			本时段死亡人数	累计死亡人数			
	合计	其中		合计	其中		合计	其中		合计	其中		合计	其中				合计	其中	
		住院	门诊观察		住院	门诊观察		住院	门诊观察		住院	门诊观察		住院	门诊观察				住院	门诊观察
总计																				

注：①本表填写时段为　　月　　日　　时至　　月　　日　　时止；

②本表接诊病人数＝治愈病人数＋现有病人数＋死亡人数，目前累计数＝原有病人累计数＋本时段新增数。

（此文本适用于事故处置过程中，用于各级事故处置领导小组办公室统计事故伤亡情况，由各级医疗救治单位填报。）

第三章

食品安全风险监测与预警

通过常态化的食品安全风险监测和监督抽检，可以了解不同地域、不同时间和不同食品安全风险，建立可行的食品安全预警系统，帮助我国食品安全监管部门更好地对食品安全进行监测与控制。

》 第一节　食品安全风险监测与监督抽检 《

《食品安全法》明确，国家要建立食品安全风险监测制度。食品安全风险监测是食品安全监督管理的基础性工作，是政府实施食品安全监督管理的重要手段，承担着为政府提供技术决策、服务和咨询的重要职能。

一、食品安全风险监测

食品安全风险监测是指通过系统地、持续地对食源性疾病、食品污染、食品中有害因素进行监测，并对监测数据及相关信息进行综合分析和及时通报的活动。具体而言，食品安全风险监测的工作主要包括收集、分析和研究判断食品安全风险信息，制订风险监测计划，采样和检验，上报、汇总和分析数据，发布、通报和监测结果，跟踪评价几个步骤。

食品安全风险监测作为一种国家制度，已实现法律化、规范化和日常化。通过食品安全风险监测，能够了解我国食品中主要污染物及有害因素的污染水平和变化趋势，确定危害因素的分布和可能来源，掌握我国食品安全状况，及时发现食品安全隐患；评价食品生产经营企业的污染控制水平与食品安全标准的执行情况与效果，为食品安全风险评估、风险预警、标准制（修）订和采取有针对性的监管措施提供科学依据；同时还能掌握我国食源性疾病的发病情况及流行趋势，提高食源性疾病的预警与控制能力。

二、食品安全监督抽检

食品安全监督抽检是指食品安全监管部门对食品（含原料、半成品和成品）、食品添加剂、食品相关产品、服务场所和环境等依法进行抽样和检验的活动。

监督抽检是世界各国包括发达国家普遍采用的通行做法。由于食品的种类太多、数量巨大、业态十分复杂，没有哪个国家能够做到对每种食品的逐一检测。事实上，监督抽检已被证明是一种科学的方法，其准确性、有效性、经济性是有保证的。我国食品安全监管部门通过不断完善抽检制度和方法，加密重点品种、重点企业和重点项目的抽检频次，确保能够及时发现各类食品安全风险隐患。当然，也不排除在特定的时期、区域针对某种食品进行全部检测。

》 第二节 食品安全风险预警 《

一、风险预警的信息来源

食品安全预警是指通过对食品安全隐患的监测、追踪、量化分析、信息通报预报等，对潜在的食品安全问题及时发出警报，从而达到早期预防和控制食品安全事件，最大限度地降低损失，变事后处理为事先预警的目的。食品安全预警是为消费者免受食品可能存在的相关风险或潜在危害而采取的各种预防性安全保障措施。食品安全风险预警对于防止食品安全事故，预防和减少不安全食品的危害，保障消费者的健康和生命安全，促进食品贸易的发展，具有重要意义。建立食品安全险预警机制，是将监管工作向前延伸，变亡羊补牢、事后处理的被动监管为预防为主的主动监管，强化源头控制，是将食品安全监管的重点由外在表面现象深入食品内在的不安全因素的预防。

通常，食品安全风险预警信息的来源包括但不限于风险监测、风险评估、食品安全监督抽检和日常监管工作信息，投诉举报和舆情监测信息，有关部门通报、行业企业和主要食品生产区域反映信息，国际组织、其他国家（地区）和境外相关机构通报，突发事件和科技文献等。

二、风险预警的研判和评估

市、县（区）食品安全委员会成员单位收集食品安全风险信息后，应及时与相关部门及企业沟通、听取专家意见或召开专题会议研究核实，识别风险信息涉及的主要危害因素，描述其性质和进入食品链途径，初步分析食品安全风险性质。

市、县（区）食品安全委员会成员单位收集核实风险信息后发现该风险信息涉及危害因素须进行风险评估的，应当由卫生健康委提出风险评估的建议，并提供风险来源、相关检验数据和结论等信息、资料，由卫生健康委组织进行评估。评估内容包括食品安全风险信息引发食品安全事故或人体健康损害的可能性、频次、后果、影响范围等；如条件许可，应严格按危害识别、危害特征描述、暴露评估和风险特征描述的风险评估程序进行定量评估；如事态紧急，可组织专家开展定性或半定量的风险评估。

市、县（区）食品安全委员会成员单位应依据风险评估结果和（或）专家意见，对收集风险信息进行研判。参与风险研判主体包括食品安全相关部门、科研院所、食品行业协会、消费者协会等；风险研判内容包括引发风险的因素，风险发生的概率和时期，可能造成的危害、影响程度、严重程度，以及需要采取的防控措施；风险研判结果应采用严重风险、较高风险和一般风险对风险信息进行分级。

（1）一般风险　危害程度较小、发生概率较低、影响范围较小或可控性强的。

（2）较高风险　危害程度较为严重、发生概率较高或影响范围较大，须采取积极有效防控措施的。

（3）严重风险　危害程度极为严重、发生概率极高、影响范围广，须立即采取紧急措施的。

三、风险预警的处置

风险预警处置任务属于市、县（区）食品安全委员会成员单位职责的，由该单位制定具体预警处置措施并组织实施；涉及多个单位职责的，由市、县（区）食品安全委员会办公室指定主办单位会同相关单位制定预警处置措施并组织实施；带有全局性、普遍性的或严重风险预警处置由市、县（区）食品安全委员会办公室牵头组织实施。涉及市、县（区）食品安全委员会成员单位以外其他单位的，市、县（区）食品安全委员会办公室应及时通报、会商相关单位。

风险预警处置时，除依法采取预警处置措施，还应注意防止次生风险。市、县（区）食品安全委员会各成员单位应对预警处置措施落实情况、风险变化及现状等因素及时进行跟踪、分析和整理，及时予以反馈；遇重大事项，应及时反馈市、县（区）食品安全委员会办公室。

四、风险预警的发布与撤销

对可能发生的一般风险或较高风险，经综合分析确定需要发布风险预警信息的（包括风险警示、风险提示和消费提示），由市、县（区）食品安全委员会相关成员单位依照职责拟定发布，并抄报市、县（区）食品安全委员会办公室；对经评估研判认为风险程度较高或严重的，应建议发布风险警示；对经评估研判认为风险程度一般的，应建议发布风险提示或消费提示。涉及多个成员单位的由主办单位联合其他单位依照职责拟定发布，并抄报市、县（区）食品安全委员会办公室；带有全局性、普遍性的或严重风险预警信息由市、县（区）食品安全委员会办公室牵头拟定发布。风险预警信息内容一般包括食品安全风险的整体状况、波及范围、可能产生的健康损害，建议各方应采取的防控措施，相关监管部门已采取的措施等。发布预警信息应科学、客观、及时、公开。

发生食品安全事故，市、县（区）食品安全委员会办公室应按照国家和本市有关规定发布风险预警信息。选择风险预警信息发布形式时应综合考虑风险发生的可能性、波及范围、公众认知等因素。

主办单位发布风险预警信息后，应及时跟进；经分析研判确定引发食品安全风险的因素已消除或阶段性消除时，可视情况撤销已发布的风险预警信息。

第四章

食品安全事故信息报告与发布

» 第一节　食品安全事故信息报告 «

一、责任报告主体和报告人

事故发生地的卫生健康行政部门、市场监督管理部门、农业农村部门、海关和地方人民政府均为食品安全事故报告的责任主体。

发生食品安全事故或疑似食品安全事故的单位和接收食品安全事故或疑似食品安全事故病人进行治疗的单位，为食品安全事故的责任报告单位。

发生食品安全事故或疑似食品安全事故的单位法人或主要负责人和食品安全管理人员，执行职务的医务人员和检疫人员、疾病预防控制人员、乡村医生、个体开业医生，为食品安全事故的责任报告人。其他有关人员有义务进行报告。

铁路、交通、民航、厂（场）矿所属的医疗卫生机构发现食品安全事故或者疑似食品安全事故，应按属地管理原则向属地卫生健康部门报告。流动人员中发生的食品安全事故，其病人或者疑似病人的报告、登记、统计，由诊治地医疗机构负责。

任何单位和个人不得对食品安全事故隐瞒、谎报、缓报，也不得隐匿、伪造、毁灭有关证据。

二、首次报告的程序与时限

为了及时、有效处置食品安全事故，尽可能地减少事故损失，对食品安全事故进行快速、规范的报告和通报，非常重要。其相关要求如下：

①食品生产经营者发现其生产经营的食品造成或者可能造成公众健康损害的情况和信息，应当在第一时间向属地食品安全监管部门和卫生健康部门报告。

②发生可能与食品有关的急性群体性健康损害的单位，应当在第一时间向属地食品安全监管部门和卫生健康部门报告。

③接收食品安全事故病人治疗的医疗卫生单位，应当及时向属地卫生健康部门报告。

④食品安全相关技术机构、有关社会团体及个人发现食品安全事故相关情况，应当及时向属地食品安全管理部门和卫生健康部门报告或举报。

⑤食品及其相关产品监管部门发现食品安全事故或接到食品安全事故报告或举报，应当立即通报同级食品安全监管部门，经初步核实后，要继续收集相关信息，并及时将有关情况进一步向食品安全监管部门通报。

⑥经初步核实为食品安全事故且需要启动应急响应的，食品安全监管部门应当按规定向本级人民政府及上级食品安全监管部门报告。

⑦当食品安全事故发生在学校或托幼机构时，还应按规定向属地教育主管部门报告。

有关部门在接到食品安全事故或者疑似事故报告时，接报告人（值班人员）要详细询问并记录：事故单位名称、地址、联系人、电话及发生时间、发病人数、住院情况、可疑食物、主要临床表现等。同时要求事故单位报告人除及时抢救病人外，要保护好现场，保留可疑食物和病人的吐泻物、排泄物等。

接到跨辖区的食品安全事故报告，应当及时通知有关辖区食品安全监管部门，同时向共同的上级食品安全监管部门报告。

责任报告主体部门接到报告后应第一时间向当地食品安全管理办公室报告。经初步调查后，根据《应急预案》的责任分工展开现场流行病学调查和现场行政调查与处置。调查机构完成调查后形成初次报告提交当地食品安全管理办公室，由其统一向本级人民政府和上一级人民政府食品安全监管部门报告。承担事故调查处置的部门和机构应于调查初期、中期、终结期分别书面形成初次报告、进程报告和结案报告向属地食品安全管理办公室报告。

三、报告内容

1. 初次报告

初次报告是对食品安全事故初步核实后，根据事故发生情况及初步调查结果所撰写的调查报告，主要包括现场流行病学调查报告和现场卫生学调查报告两个部分。初次报告要求速度快、内容简明扼要。

现场流行病学调查报告的主要内容：食品安全事故单位名称、详细地址、食品安全事故发生的具体时间；病人或疑似病人、危重病人和死亡人数的三类分布，主要临床表现特征；共同进餐史和可疑食品种类；已采集的生物学样本、环境样本及检验情况，目前存在的困难及需要帮助解决的问题等。

现场卫生学调查报告的主要内容：食品安全事故单位名称、详细地址，企业的行政许可信息，从业人员近期健康状况，食品生产使用的原辅料进货、使用、存储情况，食品生产工艺流程、关键风险控制点过程记录情况，食品存储、运输过程记录情况，已采集的食品、食品原辅料样本及检验情况，已/拟采取的行政控制措施，目前存在的困难及需要帮助解决的问题等。

以上两个报告由疾病预防控制机构和事故发生单位的食品安全监管部门分别撰写，并在事故初步调查结束后提交属地食品安全管理办公室，由其综合形成事故初次报告，向属地人民政府和上一级人民政府食品安全监管部门报告。如不属食品安全事故，也要在报告中说明理由。初次报告应在事故调查完成后一天内完成。

2. 进程报告

进程报告是针对调查过程中新发现的一些调查结果而对初次报告进行补充的一类调查报告。进程报告不是复述初次报告的内容，而是用于实时反映某起食品安全事故调查处理过程中的主要进展、预防控制措施所取得的效果、事态发展趋势，并对前阶段工作进行评价和对后期工作安排提出建议，应在获取信息后最短时间内完成。进程报告要求内容新、速度快。

报告内容主要是食品安全事故的发展与变化、处置进程、事故的诊断和原因或可能因素、态势评估、控制措施等内容。要对初次报告进行补充和修正。重大及特别重大食品安全事故至少按日撰写进程报告。

进程报告的名称以"××事故或事件进程报告"为宜。内容包括：新增流行病学调查结果、新报告的实验室结果、新落实的控制措施、病人发生及治疗转归等动态情况。进程报告应根据事故处理的进程变化或者上级要求随时上报。

3. 结案报告

结案报告是在食品安全事故调查处理结束后，对整个事故调查处理工作的全面回顾和总结。撰写结案报告要求内容全面、信息完整、数据准确。结案报告内容包括事故的发现、病人的救治、调查研究工作采取的方法、获得的结果、采取的预防控制措施及其效果、事故发生及调查处理工作中暴露出的问题、值得总结的经验教训、做好类似工作或防止类似事故发生的建议等。结案报告应在事故处理结束后 10 个工作日内上报。

四、报告撰写

（一）食品安全事故现场流行病学调查报告的撰写要求及范文

1. 食品安全事故现场流行病学调查报告撰写要求

（1）标题　"关于××事故（或事件）现场流行病学调查报告"。

（2）基本情况　简述事故发生的基本情况，描述调查过程、事故发生的经过、人群健康损害情况、病例搜索情况等。

（3）病例定义　详细描述确认病例、可能病例、疑似病例的定义。

（4）调查情况　描述人群流行病学调查中病例的三间分布、事故暴露因素（进食史、可疑食品、环境因素）的调查情况、现场样品采集情况。

（5）实验室检验　描述样品采样、保存、运输、送检情况，实验室检验方法使用情况。

（6）数据处理和分析　描述采用流行病学分析方法对病例信息、检验数据、环境因素等进行分析的情况，分析危险因素与病例的关系，提出事故发生的可疑食品、可疑餐次、高风险因素等。

（7）结论　对事故或事件的发出提出假设，并解释原因。

（8）现场卫生处理情况　描述指导事故单位开展卫生处理的相关情况，事故单位提出复工前对其进行消毒监测的情况。

（9）建议和意见　就事故的调查处置过程进行总结和评估，提出采取控制措施的建议，对事故单位复工、复学、复产等提出意见，并对事故处置过程中存在的问题提出建议。

2. 食品安全事故现场流行病学调查报告范文

以一起农家乐婚宴肠炎沙门菌引起食物中毒事故为例编制流行病学调查报告。

关于一起农家乐婚宴肠炎沙门菌引起食物中毒事故的流行病学调查报告

2019 年 1 月 31 日 11：00 时左右，××县疾病预防控制中心接县市场监督管理局通报称，××中心卫生院陆续接诊多名呕吐、腹泻等急性胃肠炎症状患者，接报后××县疾病预防控制中心立即上报县卫计局，同时中心分管领导带领应急、卫生、检验等相关工作人员立即赶赴现场对该事件开展流行病学调查及相关处置工作。

一、基本情况

1. 核实诊断

通过访谈接诊医生、查看病例资料（包括临床检验资料）、访谈患者、采集患者标本和食物样品等，对事件进行核实研判。

2. 病例定义

疑似病例：1 月 29 日中午或/和晚上在某农家乐就餐后，出现恶心、呕吐（≥2 次/d）、腹泻（≥3 次/d）、腹痛、发热、头疼和头晕等症状之一，且无临床实验室检验指标或检验结果为阴性的患者。

可能病例：1 月 29 日中午或/和晚上在该农家乐就餐后，出现腹泻（≥3 次/d）、呕吐（≥2 次/d）症状之一，大便常规检查异常，或血常规检查白细胞升高或中性粒细胞升高的患者。

确诊病例：1 月 29 日中午或/和晚上在该农家乐就餐后，出现腹泻（≥3 次/d）、呕吐（≥2 次/d）症状之一，且肛拭或粪便检出沙门菌者。

3. 个案调查与病例搜索

采用统一制定的《食品安全事故病例访谈提纲》《聚餐引起的食品安全事故个案调查表》对前往医院就诊的患者开展调查；联系事主，提供所有就餐者名单和联系方式，以家为单位进行电话调查，填写《聚餐引起的食品安全事故个案调查表》；同时，通知县内医疗卫生机构对 1月 29 日在该农家乐就餐人员，如发现有腹痛、腹泻、发热等症状的患者，及时诊治，并报告县卫计局和县疾控中心；有县外就诊者，积极与当地疾控联系，协助调查。

4. 现场环境卫生调查

到该农家乐现场查看硬件设施和环境卫生情况，向农家乐负责人、厨师、服务员、帮工等了解食品购买、加工、保存等过程，调查饮水情况。

5. 样本采集与检测

按送检细菌样品和病毒样品的不同要求，采集患者及该农家乐从业人员肛拭子、留样食品、剩余凉菜、环境涂抹样以及该农家乐生活饮用水；使用 PCR 法进行快速筛检，主要筛查沙门菌、志贺菌、金黄色葡萄球菌、副溶血性弧菌、致泻性大肠埃希菌、诺如病毒、轮状病毒等，筛查出致病菌，再进行增菌培养、分离鉴定。

6. 统计分析

将个案调查表及病例的临床资料等信息统一录入 Excel 表格，使用 SPSS 19 软件进行分析。

7. 质量控制

参加调查人员具有医学专业大专文化，取得执业医师资格，有流行病学调查经验；严格按采样规范进行采样，样品及时送检和保存；检验结果送上级机构进行复核，取得一致性结果；数据进行双录入复核。

二、调查结果

1. 基本情况

2019 年 1 月 29 日，当日气温最高 12℃、最低 6℃。事发乡镇位于县东南部，距离县城约 40km。事发农家乐位于该镇边缘，地势平坦，交通方便；该农家乐使用面积 3 000m²，设有 2 个宴席大厅，9 个雅间，1 个茶室大厅。当天共接待 2 家婚宴：赖某嫁女中午就餐 21 桌，晚上就餐 13 桌；刘某婚宴中午就餐 30 桌，晚上就餐 15 桌；两餐就餐人数共计 603 人。1 月 29 日 19：00 左右个别就餐人员出现不适症状，主要表现为腹痛、腹泻（黄色水样便）、头痛、头晕等症状，部分患者同时伴有畏寒、发热等症状。1 月 30 日凌晨发病者逐渐增多，截至 1 月 31 日 21：00，当地卫生院接诊 62 人、本县某县级医院接诊 9 人、县外 3 县（区）接诊 10 人、本市某市级医院接诊 1 人，共计 82 人。无危重和死亡病例，所有患者病情稳定。

2. 核实诊断

确定该起事件与食品相关，达到一般级别突发公共卫生事件级别，不排除事件进一步升级可能，细菌性食物中毒可能性大，病毒性感染不能排除。

3. 首发病例

伍某，女，67岁，1月29日19：00左右，感腹胀，至22：00左右，出现腹痛、腹泻（黄色水样便）、头晕、头痛等症状，同时伴有畏寒、发热和乏力症状，1月30日8：00到个体诊所就诊，无好转，于1月31日9：00到卫生院治疗。

4. 发病情况

1月29日中、晚餐共计603人进餐，截至1月31日21：00到医院治疗共计82人，罹患率13.60%；其中确诊病例7例，可能病例62例，疑似病例13例；后续无新增病例，截至2019年2月3日，全部病例痊愈出院。

5. 临床特征

82例患者临床症状以腹泻（96.34%）、腹痛（79.27%）为主，腹泻次数最少为3次/d，最多10次/d，伴发热（59.76%）、恶心（71.95%）、呕吐（57.32%）、头昏（54.88%）、头痛（46.34%）（表1）。

表1　某农家乐食品安全事故的临床特征分析

症状/体征	人数（n=82）	比例/%
腹泻	79	96.34
腹痛	65	79.27
发热	49	59.76
头痛	38	46.34
头昏	45	54.88
恶心	59	71.95
呕吐	47	57.32
临床辅助检查		
WBC升高（n=68）	38	55.88
中性粒细胞升高（n=68）	46	67.65
大便常规异常（n=49）	43	87.76

6. 病例时间和人群分布

（1）时间分布。1月29日18：00～24：00发病5例；1月30日00：00～6：00发病8例；1月30日6：00～12：00发病15例；1月30日12：00～18：00发病18例；1月30日18：00～24：00发病16例；1月31日00：00～6：00发病6例；1月31日6：00～12：00发病7例；1月31日12：00～18：00发病5例；1月31日18：00～24：00发病2例。平均潜伏期为28.5h（7～50h），1月30日12：00～18：00为发病高峰时段，流行病学曲线提示本次事件符合点源暴露模式（图1）。沙门菌潜伏期一般为4～48h，按照首例病例推最短潜伏期，可疑暴露时间在1月29日16：00左右；末例病例推最长潜伏期，可疑暴露时间在1月29日21：00左右；根据可疑暴露时间推算最近可疑餐次为1月29日中餐和晚餐。

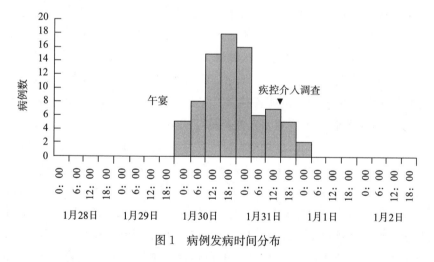

图1　病例发病时间分布

（2）人群分布。男性40人，女性42人，男女性别比为0.95：1，年龄最小5岁，最大73岁，年龄中位数46岁。

7. 进餐情况

两起宴席菜谱相同，中午宴席有16个热菜：甜甜蜜蜜、金香白灼虾、咸烧白、清真甲鱼、葱子糕、海味全家福、鸳鸯蛋、黄豆焖猪蹄、豉椒黔鱼、红萝卜烧牛肉、醋椒肘子、臊子蒸蛋、滋补鸡汤、青椒玉米、泡菜老鸭汤、时蔬一道；6个凉菜：五香牛肉、九尺板鸭、凉拌鸡块、红油耳叶、香油鸡蛋干和油酥花生米；水果：西瓜。晚餐共 13 个菜：凉拌五香肉、凉拌心利、凉拌黄瓜、五香猪肝、凉拌凉粉、油酥花生米、回锅肉、烂肉粉条、炒白菜、土豆肉丝、芋儿烧肉、山椒木耳、萝卜丝。患者均食用了午餐，部分还食用了晚餐。

8. 食品卫生学调查

（1）人员情况。该农家乐1月29日供餐共有主厨1人、凉菜厨师1人、菜墩工1人、服务员5人。经询问，厨师和服务人员均否认当天有身体不适的情况，查看双手无明显外伤；有《食品经营许可证》，有健康证明4人，平常有相对固定人员4人（厨师1人、凉菜师1人、菜墩工1人、服务员1人），在就餐人员较多时，临时从周围农村聘请人员，以天结算工资。

（2）现场查询。调查时距1月29日已超过48h，该农家乐无1月29日当日剩余食物，凉菜间冰柜未存放任何食材，菜墩、菜刀未设置生熟标识；厨房冰柜中食物生熟混放，菜墩、菜刀未设置生熟标识，无专用刀架放置刀具，直接插放于案板缝隙之间；地漏缝隙较宽，不能有效防鼠。未查到凉菜间、厨房消毒记录，无原材料进货单，库房摆放凌乱，无标签标识。1月29日应留样36份，实留样19份，每份数量不足50g。该农家乐供水为乡镇水厂自来水。

（3）可疑食品加工过程。当日所用食材基本采购于该镇农贸市场。宴席于1月28日开始准备，由该农家乐8人进行；上午购买活鸡，午饭后在厨房后院由厨师宰杀，宰杀地点距厨房约20m。经去毛后在厨房加工，经煮熟、自然冷却后切块，用保鲜膜覆盖存放在冷藏冰箱，1月29日上午分盘上桌；1月28日午饭后使用鸡蛋8kg，加工制作鸳鸯蛋、臊子蒸蛋、葱子糕，1月29日上午加热后上桌；凉菜食材均为1月28日上午购买，经煮熟、自然冷却后切片，用保鲜膜覆盖存放在冷藏冰箱，1月29日10：00取出用开水烫过后加佐料拌制、分盘，在11：40左右上桌；卤菜于1月28日16：00左右卤制好，待自然冷却后存放于冷藏冰箱，1月29日9：00后开始切片，分盘，存放于凉菜间自然环境内，11：40上桌。1月29日晚提供的卤菜是28日卤制的，于16：00时切片装盘，上桌。

三、实验室检验结果

采集各类样品共 40 份，其中：患者肛拭 12 份，餐饮从业人员肛拭 8 份，物表涂抹样 7 份，留样食品 12 份，生活饮用水末梢水 1 份；经 PCR 快检筛查，6 份患者肛拭、1 例菜刀涂抹样、9 份留样食品检出沙门菌；依据 WS 271—2007《感染性腹泻诊断标准》附录 B.1 沙门菌检验、GB 4789.4—2016《食品微生物学检验　沙门菌检验》进行沙门菌检测。经预增菌、增菌、分离、生化试验、血清学鉴定、血清学分型等，5 份患者肛拭、1 例菜刀涂抹样、8 份留样食品（鸳鸯蛋、香油鸡蛋干、凉拌鸡块、五香牛肉、红油耳叶、山椒木耳、凉拌五香肉、凉拌心利）检测出血清学型别相同的肠炎沙门菌，检出率 41.67%（5/12）；末梢水按生活饮用水标准进行检测，未检出致病菌。

四、数据处理与分析

根据现场流行病学调查、患者临床表现和实验室检测结果，依据《食品安全事故流行病学调查技术指南》（2012 年版）、WS 271—2007《感染性腹泻诊断标准》、WS/T 13—1996《沙门菌食物中毒诊断标准及处理原则》，有共同就餐史，患者发病急，以胃肠道症状为主，有相似的临床症状，平均潜伏期为 28.5h，在患者肛拭子、留样食品和菜刀涂抹样中检出肠炎沙门菌。确定 2019 年 1 月 29 日该农家乐发生的这一事件是一起食品安全事故；该事故由肠炎沙门菌污染食物所致；导致 82 人发病，其中确诊病例 7 例，可能病例 62 例，疑似病例 13 例；中毒餐次为 1 月 29 日午餐和晚餐，引起中毒的食品为鸳鸯蛋、香油鸡蛋干、凉拌鸡块、五香牛肉、红油耳叶、山椒木耳、凉拌五香肉、凉拌心利等菜品。污染途径为该农家乐在菜品制作过程中，宰杀加工活鸡、大量使用鸡蛋加工蛋制品，而鸡肉、鸡蛋都带有沙门菌，从业人员在操作后没及时进行消毒杀菌处置和洗手消毒，生、熟食品在同一案板上操作，存在交叉污染，致使多种菜品受到肠炎沙门菌污染；而食品未经充分加热，未杀灭致病菌，最终导致事故发生。

五、现场卫生处理

事故调查结束后，××县疾病预防控制中心对该农家乐所有外环境、加工场所进行了全面消杀，指导业主对使用的工用具进行消毒处理。

六、建议与意见

1. 从本次事件中可以看出，农家乐这一类餐饮服务行业存在着管理混象。为防范此类事件再次发生，餐饮服务业应落实企业主体责任，组织员工认真学习《食品安全法》及相关法律法规，建立一套严格的管理制度，规范采购、登记、入库、取用、食品加工、贮存、消毒、留样、人员培训与管理等全过程；要有专人落实，明确各自职责；严格人员准入标准，加强人员培训，严禁未经培训合格的人员上岗；强化生熟分开意识，把好食品供应、加工、消毒等环节是卫生管理的关键。监督管理部门应加大监督管理力度，特别是城乡接合部、城镇周边农家乐的监督力度，这些农家乐往往是农民自己经营，缺乏必要的餐饮知识和管理知识，是引发食品安全事故的高风险点；卫生部门应加强食品风险监测和食源性疾病监测，特别是肉类食品监测。国内外众多关于肠炎沙门菌感染与荤菜污染的相互关系的研究，提示肉类制品一直是导致食物中毒的主要食品，加强对容易引起食物中毒的熟肉制品、卤肉制品、凉菜等重点食品的风险监测，发现隐患，及时预警，及时处置，对降低食物中毒发生具有重要意义。

2. 及时进行卫生应急风险沟通，为控制和消除突发公共卫生事件的危害，平息事件可能造成的不良影响等方面发挥重要作用。本次事件由于暴露人员众多，达603人，发病人数多，达82人，病例分布不仅在本县，还涉及其他3县（区），又发生在特殊节点春节前，不加强沟通和交流的话，极有可能造成严重的不良社会影响。为防止事态扩大，进行正确舆论引导、加强舆情监测极为重要。本次事故处置过程中的风险沟通措施：①流调人员在走访调查的同时也是健康教育宣传员，与患者、患者家属等进行了必要的交流、沟通，就疾病性质、治疗过程、有无不良后果、有无后遗症等，正面回应了患者关切，打消了患者及家属疑虑，消除了民众恐慌。②督促事发农家乐配合事件处置，配合治疗和关爱患者，及早解决经济问题。③对县外患者进行慰问。通过积极的风险沟通，至事件结束，宣传部门舆情监测未发现关于该事件的负面报道。

（二）食品安全事故现场卫生学调查报告的撰写要求及范文

1. 食品安全事故现场卫生学调查报告撰写要求

（1）标题　"关于××事故（或事件）现场卫生学调查报告"。

（2）基本情况　简述事故发生的基本情况，描述调查过程，事故发生的经过，人群健康损害情况，涉事企业行政许可信息、生产规模、从业人员、供水、供电等基本情况等。

（3）相关人员访谈情况　详细描述现场与涉事企业负责人、从业人员、病例、救治医疗机构及其他相关人员访谈内容，着重描述可疑食品及可疑餐次采购、生产、销售情况，了解近期从业人员因病未上岗情况，有无突发或异常事件或事故。

（4）现场监督检查情况　对涉事企业现场监督检查过程中存在的问题，重点是可疑食品、可疑餐次生产加工的原辅料、生产工艺过程、从业人员基本情况，内部管理制度落实情况，生产用水、生活供水情况。

（5）现场食品、环境样品采集检验情况　描述食品成品、半成品、原辅料、生产加工过程中环境样品采集、保存、运输、送检等情况；现场快速检验情况。

（6）实验室检验　描述采集的样品检验方法、使用试剂等情况。

（7）现场临时控制措施　描述现场调查过程中，对可疑食品、饮用水、可疑食品场所和水源、可疑感染的食品加工人员采取的预防性临时控制措施。

（8）现场取证情况　描述现场调查过程中对事件定性有价值的证据材料（包括现场笔录、询问调查记录、相关资料、照片、监控录像、视频资料等）。

（9）结论　对事件或事故发生地卫生学调查做出综合评估，提出可能导致事件或事故的食品安全风险高风险环节，为采取进一步行政控制措施和事故流行病学调查提出建议。

2. 食品安全事故现场卫生学调查报告范文

以某学校群体性腹泻事件为例编制现场卫生学调查报告。

关于××学校群体性腹泻事件的现场卫生学调查报告

2013 年 8 月 27 日晚上 10 时 40 分，我局接××市××区电话诉××校区多名学生出现发热、腹泻等症状，接报当晚和随后一周的时间，我局食品安全监管人员对该事件进行了卫生学调查并依法采取了相应的行政控制措施，现将有关情况汇报如下：

一、基本情况

1. ××大学××门店为我市"××区××配送中心"加盟店,地址为××校区三食堂。许可证号为××餐证字20123601010300××,许可时间为2012年4月23日至2015年4月22日。许可类别为快餐。经营场所面积30m²,从业人员3名。其所售食品全部由××区××配送中心加工配送,售卖方式为定型包装熟食经门店二次加热出售。

2. ××区××配送中心位于××市××路××号××食堂内,许可类别为中央厨房,许可证号为×餐证字20113601000002××,许可时间为2011年9月28日至2014年9月27日,生产加工场所面积1 500m²,从业人员65名。该中心共有注册门店91家(直营店13家,加盟店78家),其中××市区有门店86家。截至8月28日,有73家门店开张营业。门店菜肴全部由××配送中心统一加工配送,门店仅提供中、晚餐供餐服务,不经营早点。××配送中心生产的菜品共16个品种,每天生产9种菜品,米饭由配送中心提供原料,各门店自行加工。随菜免费配送小菜、素菜和卤蛋。

3. 根据市卫生行政部门提供的流行病学调查资料和我局所接投诉举报调查结果显示:我市另有12例报告腹泻病人有在"××店"就餐史的共同暴露史,涉事门店分别为××店、××店和××店。因获得信息时该三门店已关闭,暂未进行现场卫生学调查。

二、原辅料采购情况

1. ××大学××门店所有菜品、米由××配送中心提供,饮料为自购定型包装饮料。

2. ××区××配送中心有食品原辅料索证、索票、台账、查验制度,主要食品原辅料均来自正规渠道,但在管理上仍存在部分货品未查验相关证明,进货票据与台账记录不符的现象;其主要食品原料来源为:

卤蛋:××禽蛋批发中心

畜类:××肉联厂

水产品:××水产品摊位

蔬菜:××农贸市场

肉及肉制品:××集团股份有限公司肉品事业部

米:××市××粮油批发部

三、食品加工工艺

1.××大学××门店将已配送至门店的定型包装菜品采用冰柜在 0～5℃冷藏保存。销售前采用水浴加热方式将菜品加热后保温销售。随菜品配送小菜、素菜为大包装，经分碟后配送给顾客；卤蛋为 6 个一袋包装，每份菜品配送半个卤蛋，由门店改刀完成；米饭由门店使用配送大米自制。

该门店由用餐场所、加热间和售卖间组成。无凉菜专用操作场所。凉菜分碟与改刀均在售卖台上完成。

2.××区××配送中心主菜品、凉菜、素菜生产工艺流程为：原材料→粗加工→切配→烹饪熟化→人工分装→机械封袋→冷却→速冻→库存。

菜品采用传统热炒焖煮方式加工，加热时间和温度由厨师凭经验自行掌握（未开展中心温度监测）。包装后采用水浴冷却后，经速冻后送－5～5℃冰柜冷库存放。所有食品使用期限为 5d，食品包装标明生产日期，未标注保质期和保存条件。经对菜品的制作过程进行危害评估，未发现高危险因素。

随餐配送卤蛋原使用外购定型包装食品。2013 年 8 月 15 日起改为自行加工，加工场所未经许可审查。该场所位于××区第二食堂一楼，距离配送中心约 180m，面积 30～40m²，二间室内、一间过道。场所经过简单装修，室内屋顶有霉斑，无纱门纱窗，过道未封闭，无水池。场所内食品容器无生、熟标识，无工具容器消毒设施，食品存放无冷藏设施。使用煤球炉火卤制，手工分袋并自行封装，无冷链运输设施，包装后卤蛋由三轮车运送至××配送中心成品冷库。

四、运输配送情况

××区××配送中心采用空调车加保温箱配送，共有 4 辆配送车。无固定线路，根据配送需求安排车辆，车辆运转正常。其 8 月 24～27 日××配送中心配送菜品情况见表 1。

表1　8月24～27日××配送中心配送菜品及数量一览表

序号	菜品（份/袋）	8月24日	8月25日	8月26日	8月27日
1	多味鸡	50	40	50	50
2	黑椒里脊	30	30	30	30
3	黑椒牛柳	0	0	0	0
4	红烧肉	20	30	20	20

（续）

序号	菜品（份/袋）	8月24日	8月25日	8月26日	8月27日
5	红烧小鸡腿	40	40	50	50
6	黄金猪扒	0	0	0	0
7	金针鸡脯	50	40	40	50
8	咖喱牛肉	50	50	40	40
9	梅菜扣肉	20	20	20	20
10	啤酒鸭	20	30	20	30
11	肉末茄子	40	50	40	50
12	双笋滑肉	60	60	40	40
13	酸菜鱼	40	40	40	40
14	下饭菜	50	50	50	50
15	香菇卤肉	50	50	50	40
16	小炒黄牛肉	20	10	10	10
17	赠卤蛋（个）	42	41	38	39
18	赠素菜	18	18	17	18
19	赠小菜	4	4	4	4
	小计（不含赠品）	540	540	500	520

五、从业人员管理情况

1.××大学××门店从业人员3人，均有健康证。其中2人已离职，另1人食品安全知识掌握情况一般。

2.××区××配送中心从业人员65人，41人持有效健康证。本年度未组织从业人员培训，无晨检记录，个别从业人员留长指甲、戴首饰，成品包装间从业人员口罩佩戴不规范；卤蛋加工人员共有3人，均无有效健康证明。食品安全知识掌握情况差。

六、企业管理情况

1.8月27日，我局直属分局对××大学××门店食品安全管理情况调查结果显示：该门店食品安全制度健全，从业人员均持健康证上岗，无晨检记录；公共用具采用消毒柜和药物化学消毒两种方式，有消毒记录，但记录不规范；从业人员操作尚规范，现场未发现腐败变质、过期食品和食品原料，从业人员食品安全知识不详。

2.8月28~29日，××分局对××区××配送中心食品安全管理制度落实情况，从业人员健康管理、生产加工场所、设备、工具以及加工过程等内容进行现场检查。查看了 8 月 23～28 日的菜谱、食品留样、食品原料的采购验收、索证索票等资料，现场未发现腐败变质、过期食品和食品原料；公共用具采用蒸汽消毒，消毒记录完整，按要求留样，留样记录完整。从业人员规范操作情况尚可，个别工人有部分操作不规范；从业人员晨检记录缺失；食品安全知识培训工作未及时开展；企业日产量与现有冷链设施不匹配；生产场所、设施较陈旧；在生产加工工艺中未对生产、贮存、运输等关键环节开展温度监测；对下一级门店的安全管理措施不到位、召回制度不健全。

七、实验室检测情况

1. 8 月 27 日，我局直属分局会同××市疾控中心技术人员采集××大学××门店现场冷库中库存菜品 14 个品种各 1 份、从业人员肛拭 3 份、病人排泄物 18 份。经××市疾控中心检测，其中 2 名从业人员肛拭子、4 名病人排泄物中检出沙门菌阳性，经××省疾控中心对其进行血清型鉴定，为同一血清型。食品中未检出相关致病菌。

2. 8 月 28 日，监管部门在××配送中心对其留样的生产日期为 8 月 25 日、8 月 26 日的菜品 20 品种各采样 1 份，经××市食品药品检验所检测，未检出沙门菌、志贺菌、副溶血性弧菌、金黄色葡萄球菌 4 种肠道致病菌。

3. 8 月 29 日，××分局在××配送中心对其库存生产日期为 8 月 26～29 日的菜品、加工原料中肉类、水产品共采集 57 个样品，经××市食品药品检验所、××市疾控中心检测，均未检出可疑致病菌。

4. 9 月 2 日，××分局采取相关行政控制措施后，采集其召回的生产日期为 8 月 18～27 日的卤蛋 20 份，送××市食品药品检验所检测，生产日期为 8 月 21 日、8 月 24 日的卤蛋中检出金黄色葡萄球菌，8 月 25 日的卤蛋中检出沙门菌，目前未做进一步分型。

八、高风险因素分析

综上所述，我局食品安全应急反应专家组综合现场卫生学调查情况和实验室检测结果，对事件发生过程、关键环节、涉事范围等进行综合评估后做出以下分析：

1. ××大学××门店对直接入口凉菜和卤蛋违反《餐饮服务食品安全操作规范》中的操作要求，直接分碟和改刀，企业未落实晨检制度，从业人员带菌上岗，水浴加热无温度监测，菜品加热温度不达标，可能是造成本次事件的高风险因素之一。

2. ××区××配送中心在自制卤蛋加工环节，擅自在许可场所外增设加工点，且加工点地址、外环境、布局设计、设施设备、操作人员、工艺流程、贮存运输条件均未达到食品生产加工场所的规范要求，结合实验室检测结果，卤蛋在生产、加工环节被致病菌污染，其贮存运输温度、时间未控制在有效低温环境下，是造成本次事件的高风险因素之二。

3. ××区××配送中心在生产加工工艺中未对生产、贮存、运输中关键环节中的高风险因素——温度开展日常监测。在调查中其负责人自诉因产量日增，冷库存放量不能满足，其中心于2013年8月21日在原冷库处加建一个面积为10m²的新冷库用于存放成品，8月23日投入使用，未向监管部门报告。8月26日，冷库管理员发现新冷库温控出现异常，无法达到−5℃的要求，报修后于8月29日为新冷库更换新压缩机。结合实验室检测结果，虽对其门店、配送中心菜品多次采样检测均未检出可疑致病菌，但冷库运转异常也是本次事件的高风险因素之三。

九、应急响应与行政控制

1. 迅速启动应急响应。我局自8月27日接到报告后立即启动应急响应，监管人员第一时间到达现场开展调查，并组织骨干力量进行溯源调查。对可疑食品和关键环节进行了证据保存和调查取证。

2. 采取有效行政控制措施。8月27日现场调查结束后，监管人员立即对××大学××门店下达了责令停业通知书，对所有库存食品就地封存。8月29日晚，对××配送中心也采取了一系列行政控制措施：①责令停产；②对其生产场所所有食品、半成品、成品、原料就地封存，并采样送检；③责令全市城区范围内所有涉事门店停业，召回所有已配送至门店的食品，并抽样送检；④组织未取得健康证明的从业人员进行健康检查，并开展食品安全知识的专项培训；⑤将所有已封存和召回食品由××分局监督销毁；⑥对生产场所、公共用具等进行一次彻底的清扫和消毒；⑦责令停止卤蛋加工。随着以上行政控制措施的落实，有效地控制了事态的进一步发展，从29日起无新病例报告，无相关投诉举报信息。

3. 立案查处。我局监管人员根据调查情况对该企业出现的违法违规行为进一步调查取证，并已立案。

4. 协助卫生部门开展调查。我局通过投诉举报中心获取信息后，在调查中及时将相关信息通报当地卫生部门，协助开展流行病学调查。

××市食品药品监督管理局

××年××月××日

（三）食品安全事故终结报告撰写要求及范文

1. 食品安全事故终结报告撰写要求

（1）标题 "关于××事故或事件调查终结报告"。

（2）背景 事件的来龙去脉、时间地点、一般情况、任务来源、人员组成等。

（3）基本情况 事件发生地的地理位置、地貌特点、人员情况、生活习惯、交通状况等；事件的简单描述，如事件来源、时间、初始患者、发病人数、住院人数、死亡人数等。

（4）流行病学调查情况 人群疾病调查结果，主要包括：①发病人群三间分布、发病前72h（或重点可疑餐次）的饮食史、可疑食品进食时间与数量、疾病潜伏期（最短、最长、平均）；②主要临床表现（症状、体征及发生率，呕吐物和排泄物的性状等）、用药情况、治疗效果、临床检验及转归情况；③根据进食情况推断可疑食品，分析其与发病的关联性。

（5）现场卫生学调查情况 食品和环境因素调查结果，主要包括：①可疑食品及其原料的来源、剩余数量及流向；②可疑食品的制作时间、配方、加工方法和环境卫生状况；③成品（包括半成品）的保存、运输、销售条件；④食品制作人员的卫生和健康状况；⑤分析造成食品污染的环节。

（6）样品采集与检验 主要包括：①采集样品的数量、种类、保存情况。②实验室检验结果，包括病例诊治机构临床检验、病例或食品制作人员的生物样品检验、食品与环境样品检验的份数、检测项目、具有意义（与病例临床症状及现场调查结果相符）的阳性结果。

（7）调查结论 基于以上资料得出的结论，主要包括：①综合分析人群疾病调查、食品和环境因素调查以及实验室检验的结果，判断事故性质、涉及范围、发病人数、受污染食品、致病因子、致病因子的来源与污染途径以及影响致病因子污染、增殖或残存的因素；②对不能做出调查结论的事项应当说明原因。

(8) 已采取的行政控制措施　针对现场卫生监督检查所发现的违法违规事实，依据法律法规提出行政控制与处理意见。主要包括：①各环节发现的违法违规事实；②封存的食品、原料、工用具数量和对其已采取行政控制与处罚措施；③轻微违法事实及对其做出的责令改正意见；④后续已立案查处的违法事实进展。

(9) 建议和意见　针对存在的问题提出预防类似事件再次发生的措施，以便对今后的工作提出指导性意见。提出建议采取的控制措施，如市场监督管理部门应加强对食品生产经营单位的监督，对其容易造成食物中毒或其他食源性疾病的关键环节应重点进行监督指导，如污染食品的无害化处理，清洗消毒加工场所，改进加工工艺，维修或更换生产设备，调离受感染的食品制作人员，加强食品制作人员的培训，开展公众宣传教育等。

2. 食品安全事故终结报告范文

以一起家庭食物中毒事故为例编制终结报告。

关于×××家庭食物中毒事故的终结报告

2015年3月3日，××市食药监局报告称发生一起家庭疑似食物中毒事件造成4人死亡，接到报告后省食药监局高度重视，第一时间向国家食药监总局应急司和省政府报告，并指导××市做好有关调查处置工作，正面引导媒体对事故进行客观公正报道，宣传食品安全科普常识，消除社会恐慌，事故得到了有效妥善处置。

一、基本情况

2015年3月1日12时，姜××（84岁）与长子李××（62岁）、次子李××（57岁）、女儿李××（53岁）四人在家中食用自制玉米面酸汤子。

3月1日17时，李××（长子）出现腹泻症状，自行服用药物后，症状未缓解，于3月2日5时到××市××区××医院急诊，医院建议立即转院。3月1日夜，其他就餐3人也相继出现了胃肠道症状。

3月2日6时20分，市急救中心120急救车赶到时，姜××已无生命体征，宣布死亡。李××（长子、次子、女儿）等3人被送至××市中心医院抢救。

3月2日18时30分，李××（长子）因家属要求自行转诊至××医院途中死亡。

3月2日18时44分和3月3日11时30分，李××（次子）、李××（女儿）分别在××市中心医院抢救无效死亡。3月4日，死者遗体陆续火化。

二、应对处置过程

1. 响应过程

3月3日16时，××市食药监局接到市卫计委通报后，立即向省食药监局电话报告。省食药监局立即向省政府总值班室和国家食药监总局应急司进行了电话报告。

3月3日17时，××市政府启动食品安全事故Ⅲ级应急响应，以市政府副市长××为总指挥的食品安全应急处置指挥部立即开展工作，由市政府食品安全委员会办公室、市食药监局、市卫计委、市公安局、××区政府联合组成的事故调查组，分别前往××市中心医院和事故发生地进行调查。当晚21时，事故调查组汇总调查基本情况，向市委、市政府和省食药监局报告事故初步核实情况。

3月4日8时，省食药监局审核了××市食品安全应急处置指挥部的初步调查报告后，向省政府和国家食药监总局应急司进行了书面报告，并及时发布食品安全预警提示公告。引导舆论导向。××日报、××晚报结合省食药监局发布的提示公告内容，以科普宣传角度正面报道此事，并被国内多家媒体转发。

3月5日20时，经舆情跟踪监测统计，全国共计23家网站媒体报道转载此事，微博评论转发332条。舆情总体平稳。

4月7日，××市政府根据事故调查和处置进展终止食品安全事故Ⅲ级应急响应。××市食药监局将调查结论上报省食药监局。

4月8日，省食药监局组织省级食品安全应急处置专家组现场对调查结论进行评估，并下达专家评估意见书。

4月17日，××市食药监局按照专家评估意见修改完善调查总结报告后书面上报省食药监局。

2. 调查情况

（1）流行病学调查情况。事故发生地为××市××区××镇××

街××号，当事人××家中，为家庭聚餐，共4人参与就餐，全部死亡。发病率100%，死亡率100%。主要临床症状及体征为腹泻、四肢无力、血糖降低、血压下降、严重酸中毒、意识模糊不清、肝功能异常、凝血功能障碍，因多脏器功能衰竭而死亡。发病最短潜伏期4h，最长潜伏期15h左右。4人有共同食用自制玉米面酸汤子就餐史，进食数量不详。原料玉米采用2014年秋天捡拾的玉米棒，玉米面酸汤子系2015年2月前制作，污染环节可能为原料玉米棒及酸汤子在加工、贮存的过程中受到污染。临床症状符合椰毒假单胞菌酵米面亚种中毒临床体征。

（2）实验室检测情况。3月3日，××市疾控中心流调人员在死者家中未采集到剩余疑似中毒食品（酸汤子），仅在死者家里水池中未洗的碗里获取到疑似残渣与水混合溶液约500mL（已被水冲洗浸泡50多小时）。3月5日，××市食药监局调查人员从死者家中采集到疑似食品原料（汤面粉1.5kg、杂粮0.8kg）。

××市疾控中心依据国家标准GB/T 4789.29对采集的残渣与水混合溶液及可疑中毒食品原料等3份样品进行检测，未检出椰毒假单胞菌酵米面亚种。

（3）事故结论。本次事故符合食物中毒流行病学特征，实验室检验未明确相关致病因子，经综合分析现场流行病学、食品卫生学调查资料及病人潜伏期和中毒特有临床表现，依据《食物中毒诊断及技术处理总则》（GB 14938—94），专家组认定是一起食用家庭自制玉米面酸汤子引起致病因子不明的食物中毒。

3. 总结分析

（1）指挥部应急协调机制有待完善。××市有关部门在获得事件信息后，按照《××省食品安全事故应急预案》的要求，第一时间内向有关部门进行横向通报并逐级上报事故基本情况，市政府及时启动了事故应急响应，组织有关部门展开调查，事故得到了妥善处置。但在事故处理过程中，指挥部的工作协调议事机制还应进一步完善，对于事故调查处理过程中须解决的棘手问题（如跨部门调查取证困难等）应及时召开调度会议，在指挥部的统一协调下及时得到有效解决，减少调查处理过程中存在的工作缺陷。

（2）医疗机构信息报告环节有待理顺。按照《食品安全法》要求，接收病人进行治疗的单位应当及时向事故发生地卫生行政部门报告。在事故处置过程中，3月2日收治食物中毒患者的××区××医院和××市中心医院，在了解到食源性因素后应尽快向有关部门报告，但直至3月3日患者全部死亡后卫生行政部门才收到医院报告。当前，食药监部门获取食品安全事故信息主要来源于舆情监测和投诉举报，医疗机构作为第一时间收治接触患者的部门报告信息的责任尤为重要。而医疗机构的主管部门是卫生部门而非食药监部门，如何提高医疗机构信息报告及时性，有待部门之间进一步协商，联合出台规范性指导意见解决。此外，在食品安全事故调查过程中，各部门的职责分工和时限要求也亟待明确，特别是调查证据的采集和提供需要制定详细规定。

（3）舆论引导在事故处置中尤为重要。食品安全问题始终备受社会关注，尤其是食品安全事故发生后，为达到新闻时效性，媒体往往抢先报道，断章取义以提高收视阅读量，若此期间监管部门缄口不言常常陷入被动局面。在此次事故处置过程中，省食药监局接到报告后，抢在媒体报道前对外发布食品安全提示公告，早说话、敢说话、说对话，牢牢把握主动权，引导舆论正向宣传，指导地方正确发声，避免了恶意炒作，消除了群众恐慌，达到了科普宣教的目的，在整个事故处置过程营造了良好的舆论氛围。

××市食品药品监督管理局

××年××月××日

（四）食品安全事故责任调查报告撰写要求及范文

1. 食品安全事故责任调查报告撰写要求

（1）标题　"关于××事故（或事件）责任调查报告"。

（2）基本情况　事故单位概况，导致事故的食品名称、来源、数量、流向，事故发生经过和事故应急处置情况，事故造成的健康损害、死亡情况。

（3）事故调查情况　事故发生的主要原因，流行病学和卫生学调查及相关检验检测、诊断和鉴定结果。

（4）结论和建议　事故责任的认定以及对事故责任者的处理建议，事故防范和整改措施以及其他应当报告的事项等。

2. 食品安全事故责任调查报告范文

以某营养餐配送中心所涉食品安全问题为例编制事故责任调查报告。

关于对 "××市×××营养餐配送中心所涉食品安全问题" 舆情事件的责任调查报告

2022年3月5日下午，根据网络举报反映，位于××市××区的配餐服务企业——××市×××营养餐配送中心在生产加工盒饭过程中存在的有关问题线索，××市立即成立了由市市场监管委等部门组成的联合调查组，连夜进驻企业开展调查。现将调查处置情况通报如下：

一、网络举报问题线索的核查情况

经认真梳理调查，网络举报反映的问题线索及核查情况：一是反映临时雇佣人员未经培训进入加工环节作业、健康证查验不严的问题。经调查，问题属实。二是反映操作间地面食物残渣留存的问题。经调查，问题属实。三是反映食品餐盒清洁操作不规范的问题。经调查，问题不属实。经现场调查，企业餐具清洗全过程包括残渣清理、洗洁精浸泡、清洁冲洗、高温消毒等环节，调查组委托第三方法定检测机构对餐具进行的抽样检测，结果为合格。网络举报反映的问题线索只涉及餐具清洗前两个环节，没有完整、客观地反映企业餐具洗消全过程。

二、涉事企业违法违规行为和处罚情况

依据《中华人民共和国食品安全法》《中华人民共和国食品安全法实施条例》有关规定，对于涉事企业存在的临时雇佣人员未进行健康检查、未取得健康证明上岗工作、操作间地面食物残渣存留、未严格按照餐饮服务操作规范实施生产经营过程控制的违法违规行为，已吊销×××营养餐配送中心营业执照和食品经营许可证；对×××营养餐配送中心经营者赵××处以100万元罚款，禁止从事食品行业。另外，对运送人员车辆超载问题，市公安机关已依法做出罚款、扣分等处罚。

三、对事件的责任认定及追责建议

经查，该涉事企业存在公众反映的诸多违反《中华人民共和国食品安全法》的行为，根据《中华人民共和国食品安全法》第六条的规定"县级以上人民政府对辖区食品安全监督管理工作负责"，该企业所在地××区人民政府主要责任人应对该事件负有管理责任；作为食品生产经营企业的监督管理部门——市场监督管理部门主要责任人对该事件负有监督管理责任。

依据《中国共产党纪律处分条例》《中国共产党问责条例》《中华人民共和国公职人员政务处分法》等有关党纪法规，对相关责任人严肃追责问责。

1. 对履行监管责任不到位人员进行追责问责

（1）给予市市场监管委党组成员、副主任郑××党内警告处分。

（2）给予××区市场监管局党委书记、局长卢××党内严重警告、政务记大过处分，并免去其局党委书记、局长职务。

（3）给予××区市场监管局党委委员、副局长（分管食品安全工作）王×党内严重警告、政务记大过处分，并免去其局党委委员、副局长职务。

（4）给予××区××镇市场监管所党支部书记、所长韩××撤销党内职务、政务撤职处分。

2. 对履行属地监管责任不到位人员进行追责问责

（1）给予××区政府党组成员、副区长陈××党内警告处分。

（2）给予××区××镇党委书记徐××党内严重警告处分。

（3）给予××区××镇副镇长王××党内严重警告、政务记大过处分，并免去其副镇长职务。

目前，××市正组织开展校园配餐食品安全排查整治专项行动，如发现问题坚决依法依规严肃处理。

五、信息通报机制

（1）各级食品安全监管部门在调查中发现群体性发病事件可能是由食源性疾病或其他传染病、危害源引起的，应当及时向同级卫生健康行政部门通报。

（2）各级食品安全监管部门在调查中发现存在死亡病例的，或者可疑投毒等涉嫌刑事犯罪情形的，应当立即通报同级公安部门。

（3）各级食品安全监管部门在调查中发现事故涉及学生等敏感人群的，应当向当地教育行政主管部门通报。

》 第二节　食品安全事故信息发布 《

一、信息发布的主体与时限

根据《政府信息公开条例》以及其他有关法律法规的规定，事故报告的责任主体是事故信息发布的责任单位。这里所说的责任主体是指事故发生单位所在行业的政府行政机关，由其向社会统一发布有关事故及其处理情况的信息，并对可能产生的危害加以解释、说明，避免引起社会恐慌。食品安全事故信息的发布须依据各级政府制定的《应急预案》中的有关规定向社会发布，原则上应由事故处置指挥部领导小组或其办公室审批后方可发布。食品安全事故信息的发布遵循《政府信息公开条例》中有关规定。

二、信息发布原则与方式

食品安全事故信息发布应当遵循及时主动、开诚布公、正视问题、准确把握、实事求是的原则，正确引导舆论，防止片面炒作，注重社会效果。

信息发布的责任主体应当与宣传部门密切配合，积极沟通信息，组织参与调查处置或相关部门采用新闻发布会的形式统一对外发布各自职责范围内的信息，避免信息混乱，正确引导舆论和消费者。

第五章

食品安全事故现场处置

按照《食品安全法》和《国家食品安全事故应急预案》的规定，接到报告的责任单位，应立即组织开展现场调查。需要启动应急预案的，事故发生地相应级别的人民政府应当立即成立食品安全事故应急处置指挥部，根据事故的性质、特点和危害程度，统一组织开展本行政区域的食品安全事故应急处置工作。

食品安全事故现场调查涉及的范围广、部门多，社会广泛关注，它须经多项工作程序相互衔接和协调配合才能完成。及时、真实、全面的调查结果为拟订食品安全事故处理意见与预防控制措施提供客观的科学依据，在任何一个程序或环节中出现疏漏或工作失误，都可能导致食品安全事故调查失败，无法获得正确结论。

食品安全事故现场调查处理须遵循统一领导、分级负责，依法处置、协调配合，效率优先、预防为主的原则。

》》 第一节 现场调查的程序和步骤 《《

一、现场调查处置的程序

接到报告→组建现场调查组→准备调查处理所需要的物资→赶赴现场→积极组织救治病人→开始现场调查工作→有效控制现场。

二、现场调查处置的步骤

1. 组建事故现场调查组

事故发生地食品安全监管部门和疾病预防控制机构，在接到食品安全事故报告后，应立即组建食品安全事故调查组，指定调查组组长。按照事故报告的实际情况，组成现场调查组，调查组成员应由流行病学、食品安全监管、检验机构人员共同组成。调查组组长是食品安全事故现场调查处理的主要责任人，负责从调查组出发前的物资准备到调查处理结束后起草总结报告全过程的组织、协调、指挥和管理工作。调查组组长应由具有现场调查处置经验和能力的人员担任。成员中应包括食品安全执法人员和流行病学、检验检测、食品科学等有关专业人员。如果食品安全事故涉及的人数多、情况复杂或是在敏感时期、敏感地区发生的食品安全事故，应由食品安全监督管理部门主要负责人或政府分管领导担任组长，调查组人数也要相应增加或根据情况分组实施调查工作。

调查组的所有成员在组长的指挥下，根据其工作单位性质和专业小组的职责，与本人的专业特长统筹开展各项工作。各成员都应有具体、明确的分工，责任落实到人。在到达现场之前，所有成员都应当按照自己在本次事故调查处理中的职责和任务，充分做好调查准备工作，如及时准备和清点调查采样所需的物品等，在职责分工的基础上，强调协调配合，形成统一的整体。

2. 核实食品安全事故情况

调查组组长接受任务后，首先要联系事故报告单位或发生事故的单位，除核对报告记录的情况外，还应了解有关细节：①食品安全事故发生时间、食品安全事故病人或疑似病人的地域分布、就诊情况，已知的病人是否得到了治疗；②病情严重程度，有无死亡、休克、昏迷或生命体征异常的病人；③是否发热，体温有多高；④呕吐、腹泻内容物性状、数量、频次及伴随表现；⑤神经、精神症状与体征；⑥进餐情况，聚餐人数，可疑食物加工方式与原料来源；⑦事态发展趋势、病人及其家属情绪等情况。

核实和了解事故情况是为了对事故性质、范围大小、严重程度及社会影响等做出初步判断，以利于安排现场调查组成员工作或建议调整调查组人数和成员结构，以及准备现场工作中所需要的物资等。在核实报告内容和了解有关情况的同时，调查组应告知报告单位或事故发生单位保护好现场，留存食品安全事故病人或疑似病人的呕吐物、粪便和剩余食品、食品容器用具等。

3. 准备现场调查处理所需的物资

调查组各个成员应根据组长的分工安排和食品安全事故必备物品，进行快速清点、准备，不得遗漏而影响后阶段的工作。组长负责联系派遣车辆、协调指挥用的通信工具，在清点物品时，应注意试剂、消毒试剂、个人防护用品等是否在有效期或保质期内，取证工具、交通与通信工具及其他器材能否正常使用。

食品安全事故应急处置所需物资通常包括：

（1）现场采样须使用的物品

食品（固体和液体食品）采样用品：灭菌塑料袋、广口瓶、吸管、刀、剪、铲、勺、镊子等。

涂抹样本采样用品：棉拭子、灭菌生理盐水试管（有条件应配备增菌液、选择性培养基）。

粪便采样用品：便杯、采便管、运送培养基。

呕吐物采样用品：灭菌塑料袋、采样棉球。

血样采样用品：一次性注射针、采血管。

其他采样必备物品：75％医用酒精、酒精灯、酒精棉球、油性笔、标签、橡皮筋、打火机（火柴）、制冷剂、样本运输箱、手电筒、一次性橡皮手套、口罩、隔离衣/工作服、胶鞋等。

（2）调查用表和记录单准备　标准化的病例调查用表、采样表、实验室检测申请表、现场笔录、询问笔录、抽样记录、检测/检验/检疫/鉴定委托书、责令改正通知书、先行登记保存证据通知书、实施行政强制措施决定书、场所/设施/财物清单、封条等。

（3）取证工具准备　照（摄）相机、录音笔、执法记录仪、移动硬盘、U盘等。

（4）现场快速检测设备　食物中毒快速检测箱（配备能对瘦肉精、灭鼠药、蔬菜中有机磷/有机氯和氨基甲酸酯类农药残留、甲醇、亚硝酸盐、甲醛、砷、汞、食用油中的非食用部分进行快速检测的试剂、其他需要检测的快速检测试剂）、温度计等，具体检测方法见附录一。

（5）参考资料准备　食品安全相关法律法规、食物中毒诊断标准及处理原则、其他有关专业技术参考资料（附录二、附录三）等。

（6）所需设备　笔记本电脑、移动硬盘、移动电源、便携式打印机、数据统计分析软件、手机、无线网络连接设备、拉杆箱等。

（7）其他准备　应急灯、车载冰箱或样品低温保存箱、多孔电源线等。

4. 赶赴现场，开始现场调查工作

为了尽早查清引起食品安全事故的致病因子和原因，减少事故损失及社会影响，接到食品安全事故报告后，调查组应尽快到达事故现场。如果遇到特殊情况，调查组组长应向负责派遣调查组的食品安全监督管理部门报告，并应在以后的书面总结报告中说明原因。食品安全事故调查组进入事故现场后，在一般情况下，组长首先应请负责处理事故的乡、镇（街道）政府（办事处）或卫生院、事故发生单位的负责人和有关医疗卫生工作人员介绍食品安全事故发现、发生的过程与事故发展及处理的情况，事故发生地的基本情况，群众的反应，对调查组的建议等。调查组成员应认真听取情况介绍，并以提出问题请知情人员作答的方式，进一步了解有关情况，同时做好记录。

食品安全事故现场可能包括如下多个场所：①一处或多处就餐场所；②可疑食品加工、销售场所，可能是多个单位构成的食品流通链；③一所或多所救治事故病人的医疗机构；④食品安全事故病人或疑似病人所在单位或家庭；⑤其他需要调查的场所。

对大规模食品安全事故，调查组组长应统一组织、协调、指挥调查人员分组赶赴不同的事故现场进行调查处理。

上级主管部门派出的指导组进入现场后，应首先听取先期抵达现场的下级食品安全监督管理部门调查组的情况介绍，了解食品安全事故的基本情况，食品安全事故病人或疑似病人的调查、检查、诊断、治疗情况，技术难题和工作困难，需要上级主管部门解决的问题及其他意见和建议。

5. 有效控制现场

食品安全执法人员到达食品安全事故场所或可疑食品加工场所后，应采取有效控制措施，责令停止可疑食品销售，也应禁止事故单位擅自处理剩余食品或对加工用具或设备进行消毒，必要时应封存可能导致食品安全事故的食品及其原料和食品相关产品，并安排检验人员进行抽样检验。如生产加工现场有视频监控设备的，应第一时间控制监控信息数据，以便调查取证使用。同时向有关食品生产经营人员讲明已经掌握的食品安全事故情况，告知其有法律义务，要求其如实提供食品加工情况，配合食品安全事故调查处理。

6. 现场调查

现场调查一般包括流行病学调查、卫生学调查和实验室检验，其中食品安全事故的流行病学调查，主要是对食品安全事故病人或疑似病人及其共同进餐史的调查，通过多种途径了解发病与进食的关系，寻找确定食品安全事故的临床和流行病学依据。根据《食品安全法》的规定，食品安全事故流行病学调查由县级以上疾病预防控制机构实施。

卫生学调查即危害因素调查，主要是对可疑食品及其生产、加工、运输、贮藏、销售等场所和有关人员的调查，以验证现场流行病学调查结果，为查明事故原因、采取预防控制措施和行政处罚提供有力的证据和依据。对食品安全违法行为进行调查取证，应由食品安全执法人员完成，要有取证工具，客观记录其检查情况和与当事人的谈话情况。但要特别注意，取证工作、流行病学调查、卫生学调查应同时开展、协调进行。卫生学调查应在发现可疑食品线索后尽早开展。

实验室检验是诊断食源性疾病及食物污染的重要手段，一般每次食品安全事故都应有病因诊断，以提供造成食品安全事故的食品与发病病例之间关联程度的证据。实验室检测结果常用来证实、验证流行病学假设，而且实验室检测常贯穿于食品安全事故处置的全过程，是食品安全事故调查的重要工作内容。食品安全事故发生后，其现场调查工作按上述工作流程进行。

经核实的情况应及时向属地食品安全管理办公室报告。若为疑似食品安全事故，应依据《食品安全事故应急预案》规定启动应急响应。信息报告相关要求和事项按前述相关内容执行。

三、跨区县的事故调查原则

对于跨区县发生的食品安全事故，应当按照以下要求开展调查处置工作：

①跨区县食品安全事故的报告和调查处置工作，由事故源头企业所在地食品安全监管部门牵头负责（简称牵头单位），其他涉事地所在食品安全监管部门应当积极配合协助调查。

②首次接到食品安全事故或疑似食品安全事故报告的食品安全监管部门，接报后应当及时赶赴现场调查核实，并将相关情况通报上一级食品安全监管部门和牵头单位。

③食品安全事故患者和患者就诊医疗机构所在地的食品安全监管部门应当协助当地疾病预防控制机构开展流行病学调查等工作，并将有关信息报送牵头单位和上一级食品安全监管部门。

④食品安全事故涉及的食品（含食品原料、食品添加剂，下同）来源地和流向地所在食品安全监管部门应当协助牵头单位，进行食品生产经营场所

的卫生学调查等工作。

牵头单位应当主动将情况通报其他涉事地所在食品安全监管部门。必要时,可报请省局指定牵头单位或者协助调查单位开展调查。

》》 第二节 现场卫生学调查与现场控制 《《

一、现场卫生学调查

现场卫生学调查由事故发生地的食品安全监管部门组织完成。调查方法包括访谈相关人员、查阅相关记录、进行现场勘察、收集相关资料等。

1. 访谈相关人员

访谈对象包括可疑食品生产经营单位负责人、加工制作人员及其他知情人员等。访谈内容包括可疑食品的原料及配方、生产工艺、加工过程的操作情况,以及是否出现停水、停电、设备故障等异常情况,从业人员中是否有发热、腹泻、皮肤病或化脓性伤口等。

现场调查人员在事故发生地对各类相关人员开展现场调查,对现场检查情况和询问了解情况做好记录。现场书写的文书应记录的主要内容如下。

(1)《现场调查笔录》主要记录内容

①食品经营许可证情况:名称、法人代表、地址、有无食品经营许可证、是否制售冷荤和凉菜。

②该单位食堂从业人员健康证明、个人卫生和健康状况、有无晨检记录、请假人员。

③该单位食堂厨房卫生条件、设施布局和使用、生活饮用水供应状况(须附照片、视频)。

④现场食品及原辅料(调味品)存放和使用情况(采样记录、编号、先行登记保存物品通知书、物品清单等)。

⑤食品原料(调味品)的采购、索证情况。

⑥冷荤、凉菜制售情况(采样记录、编号、先行登记保存物品通知书、物品清单)。

⑦厨房操作间内剩菜、剩饭,贮存设施内的食品(采样记录、编号、先行登记保存物品通知书、物品清单,须附照片)。

⑧有毒有害物品的存放和使用情况(须附照片)。

⑨可疑食品的现场快速检测情况，如疑似食物中毒是由化学性毒物引起的，且经快速检测未发现化学性毒物。

⑩食品加工用具、物品和场所的控制情况［查封（扣押）物品通知书、文号，须附照片］。

（2）《现场询问笔录》（事故单位负责人）主要记录内容

问1：被调查人和该单位的关系？

问2：是否知晓发生疑似食物中毒事件，如知道，有无采取什么措施（如几时，怎么报告的；有无立即停止经营活动；有无保护现场；如何协助医疗单位救治病人的；怎么配合相关部门调查处理的，等等），是否有专人来配合食品安全监管部门执法人员的调查？

问3：共出现多少中毒病人？有什么症状？病情如何？有无死亡？可疑中毒餐次共多少人一同就餐？是些什么人？什么时间开餐的？未出现中毒症状的人现在在哪里？

问4：第一个出现中毒症状的病人是谁？是哪个岗位的？什么时间开始出现病症的？有哪些症状？现在在哪里救治？治疗情况怎么样？其他中毒病人在哪里？

问5：是否有剩余食品，餐具是否已消毒？

问6：让该被调查人分析，何种食品引发食物中毒的概率高，并说明原因。

问7：该单位是否建立各项规章制度，制作食品由何人负责及可疑食品由谁制作？

问8：如现场检查时发现该单位有禁止生产经营的食品或无标识食品，应询问该单位进货及库房管理由何人负责？

问9：让该被调查人确认现场检查时发现的问题。

问10：员工是否有有效的健康证明，近期是否有员工生病、身体不适或受外伤？

问11：近期内单位人员有无变动？人员间相互关系如何？有无矛盾？近期内有没有对单位人员进行过批评或处罚？

问12：近日内有没有外来闲杂人员进入单位加工经营场所？

问13：单位加工场所用水来自哪里？

问14：单位的食品由谁负责采购？

问15：单位（无许可证）开办以来的营业收入有多少？单位（有许可

证）可疑中毒餐次的营业收入有多少？

问16：有没有其他情况需要说明或反映的？

问17：如有下列资料，请提供食堂隶属关系单位的营业执照或单位法人资格证明材料和法定代表人、食堂负责人、厨师的身份证件复印件，从业人员健康证明、食品经营许可证、食堂开办以来（无证）或可疑中毒餐次（有证）的营业收入账单、食品采购索证登记本、进货票据、近三天或可疑中毒餐次的食谱。

（3）《现场询问笔录》（事故单位厨师长）主要记录内容

问1：被调查人和该单位的关系？

问2：是否知晓发生疑似食物中毒事件，如知道，有无采取什么措施？

问3：请该被调查人确认单位负责人提供的菜单是否真实及完整。

问4：制作食品的各功能区域是否有相应的食品安全管理制度，如何执行的？

问5：是否有剩余食品，餐具是否已消毒？

问6：让该被调查人分析，何种食品引发食物中毒的概率高，并说明原因。

问7：让该被调查人详细讲述可疑食品从进货到上餐桌的全过程。

问8：员工是否持有有效的健康证明，近期是否有员工生病、身体不适或受外伤？

问9：如可疑食品内有冷荤凉菜，让该被调查人说明冷荤凉菜是由何人制作？

（4）《现场询问笔录》（事故单位工作人员）主要记录内容

问1：被调查人和该单位的关系？

问2：是否知晓发生疑似食物中毒事件，如知道，有无采取什么措施？

问3：冷荤间是否有操作的规章制度，如何执行？

问4：是否有剩余食品，餐具是否已消毒？

问5：让该被调查人分析，何种冷荤凉菜引发食物中毒的概率高，并说明原因。

问6：让该被调查人详细讲述可疑食品从进入冷荤间加工到上餐桌的全过程。

问7：询问该被调查人近期是否生病、身体不适或受外伤。

问8：被检查发现的禁止生产经营的食品或无标识食品是从何处购入，

索证是否齐全？

问9：食品购入后如何保存？

问10：是否建立食品进货查验记录制度，如何执行？

（5）《现场询问笔录》（食物中毒病患）主要记录内容

问1：叫什么名字？哪单位的？职业是什么？并记录性别。

问2：近三天吃过哪些食物？有无异常情况？

问3：你认为可疑中毒的餐次是哪一餐？在哪里就餐的？吃过什么食物？可疑的中毒食物是什么？

问4：可疑中毒餐次何时开始进餐的？什么时间开始出现不适的？有哪些病症？

问5：出现中毒症状后，什么时间到医院治疗的？

问6：医生的诊断是什么？采取了什么救治措施？用过什么药？治疗效果怎么样？

问7：可疑中毒餐次一同就餐的有多少人？有多少人出现相同症状？

问8：其他中毒病人现在在哪里？

问9：有没有其他需要反映和说明的情况？

（6）《现场询问笔录》（救治医院医生）主要记录内容

问1：自我介绍（姓名、年龄、职务、科室、岗位）。

问2：何时开始有疑似食物中毒病人来你院就诊？

问3：首例来院病人是谁？他（她）有些什么临床症状？

问4：目前对这些病人采取了哪些治疗措施？治疗效果怎么样？

问5：有没有对相关中毒病人的血液、呕吐和排泄物进行检验？检验报告有没有出来？

问6：初步诊断是什么？

问7：到目前为止，正在你院进行治疗的相同临床症状的疑似食物中毒病人有多少？有没有前来就诊病人的具体名单？目前这些病人在哪些科室进行救治？

问8：来你院治疗的疑似食物中毒病人中有没有死亡？

问9：你院有没有分流疑似食物中毒病人到其他医疗单位就诊？

问10：还有没有什么需要补充的？

（7）《现场询问笔录》（就诊医院负责人）主要记录内容

问1：初步了解发病人数、住院人数、可疑餐次的同餐进食人数及范围去向、共同进食的食品。

问2：发病患者临床表现及共同点，还包括潜伏期、临床症状、体征、用药情况和治疗效果。

问3：还有没有什么需要补充的？

2. 查阅相关记录

查阅可疑食品进货记录、可疑餐次的食谱或可疑食品的配方、生产加工工艺流程图、生产车间平面布局图等资料，生产加工过程关键环节时间、温度等记录，设备维修、清洁、消毒记录，食品加工人员健康状况及出勤记录，留样记录，可疑食品销售和分配记录等。

3. 现场调查

在访谈和查阅资料基础上，可绘制流程图，标出可能的危害环节和危害因素，初步分析污染原因和途径，便于进行现场检查和采样。

对可疑食品加工的场所、设施设备、工用具及其加工过程进行现场检查，调查可疑食物的来源、质量、存放条件及加工或烹调方法、操作卫生等，从中找出引起食品安全事故的主要污染环节，分析判断食品安全事故发生原因。

①依法检查事故发生单位《食品经营许可证》，查看是否持有效许可证，是否有超范围经营行为。

②查看从业人员健康管理情况：晨检记录、请假记录和健康状况，从业人员中是否有发热、腹泻、皮肤病或化脓性伤口等，是否存在可能污染食品的不良卫生习惯；是否存在患病或手部有伤人员在岗从事接触食品工作的情况；是否按要求洗手消毒；从业人员是否持有健康证明。

③对加工经营的场所、设备及加工流程现场检查或勘查，搜索造成食品安全事故的污染问题。尤其应注意调查食品原料的来源、质量、索证索票状况；食品存放温度和时间；工用具容器的卫生及使用情况；生熟分开情况；洗刷消毒过程情况；剩饭菜的保存、处理等情况，特别要注意检查是否按规定留样。

④对从业人员包括对管理人员、采购人员、加工人员、直接为消费者服务人员进行询问调查。调查可疑食品的采购、加工、制作、分餐等过程。重点询问可疑食品及原料的来源、数量及采购时间、索证验收情况；可疑食品及原料的去向或使用情况，食用人员的发病情况；详细了解可疑食品的具体加工方式、烹调方法，加热温度、加热时间，确认其制作过程是否杀灭或消

除可能的致病因素，是否存在直接或间接的交叉污染，是否存在不适当贮存食品的行为，是否存在剩余食品没有重新彻底加热就食用等情况。

⑤重点可疑食品应关注的情况：凉菜是外购还是自制；凉菜是否存在被交叉污染情况；凉菜加工后至食用时间间隔是否超过 2h；凉菜加工场所清洗和消毒是否正常运转使用；凉菜是否隔餐，是否改刀制作；凉菜专间温度是否超过 25℃；如怀疑是细菌性食品安全事故，应重点调查加工过程的时间温度控制、生熟交叉现象、餐饮具容器消毒情况以及从业人员卫生健康状况；如怀疑是化学性食品安全事故，应重点调查食品原料、配方中是否含有毒有害物质，并采集可疑样品进行现场快速检测。蔬菜检测有机磷类农药，各类食品根据病人症状特点，有针对性地检测如亚硝酸盐、铅、桐油等化学物质；做好快速检测记录，检测结果呈阳性者采样送检验机构检验。

调查中应重点关注以下问题：

• 食品配方中是否存在超量、超范围使用食品添加剂；

• 是否有非法添加有毒有害物质的情况；

• 是否使用高风险配料等；

• 审查餐饮服务单位所加工销售的食谱，分析可能引发事故的食品；

• 是否存在采购使用不合格、过保质期、有毒有害、腐败变质食品原辅料等情况；

• 当天使用的禽、鱼、肉类和蔬菜水果是否新鲜并有无腐败变质；

• 是否剔除了有毒动植物、变质或被污染食品；

• 是否存在未按规定进行拣摘清洗情况；

• 检查食品加工制作前的感官状况是否正常；

• 食品加工、贮存、运输、销售等所有环节是否存在生熟交叉污染的现象；

• 是否存在非专间工作人员随意进出专间或在专间加工其他食品情况；

• 加工场所是否存放有毒有害物质，厨师是否可能误用；

• 查看加工过程中是否曾出现停水、停电、设备故障等异常情况；

• 查看食品加工用水的供水系统设计布局是否存在隐患，是否使用自备水井及其周围有无污染源；

• 近期使用灭鼠、灭虫、环境消毒药剂情况；

• 如该单位装有监控摄像头，可调阅相关监控视频；

• 调查发病人员是否食用自带的酒水饮料及其他食品。

以上监督检查情况均应制作《现场询问笔录》等文书。

4. 现场快速检测、简易动物试验

快速检测主要适用于化学性食品安全事故，当怀疑是鼠药、亚硝酸盐、有机磷、氨基甲酸酯类、甲醇、砷、汞、矿物油、桐油等导致食品安全事故时，可在现场进行快速检测，初步明确事故食品和致病物质。但由于某些快速检测方法还不够成熟，样品还应送实验室进一步按照标准检验方法进行确认。同时，进行快速检测时一定要设阴性对照和阳性对照，并由具有一定检验经验的调查人员操作。

简易动物试验对快速查明含有毒性很强的事故食品可以起到很大的帮助，选用的动物应根据现场确定，如鸡、鸭、猫、狗等均可，也可以将样品送实验室进行简易动物试验。

5. 疑为刑事案件的处理

在卫生学调查中，或者在食品安全事故现场调查的过程中，发现可能为人为投毒、严重食品安全事故或严重食品安全违法行为等可能触犯刑法的证据，则应依法移送当地公安机关查处。

二、现场控制

1. 及时控制事故

在调查食品安全事故的同时，应采取各项措施，防止事故危害进一步扩大：

①停止出售和摄入中毒食品或疑似中毒食品。

②有外来污染物，应同时查清污染物及其来源、数量、去向等，并采取临时控制措施。

③中毒食品或疑似中毒食品已同时供应其他单位，应追查是否导致食物中毒。

④可疑中毒食品来自食品生产企业或流通企业的，应及时通报相关的监管部门。

⑤必要时要求事发单位做好预防性服药和环境的消毒，并做好病人的安抚工作，做好后续食品的安全把关。

2. 采取行政措施，控制现场

为了及时控制可能存在的或进一步扩大的危害和风险，保存可能丢失的证据，监管部门应果断、及时地采用行政强制力中止行政相对人的行为，可扣留或封存产品、工具或查封场所，避免事态进一步扩大。

根据情况不同，可采取先行登记保存、查封和扣押等措施。其差别主要有：

（1）目的不同　先行登记保存，是收集证据的一种方式，是指在证据可能灭失或以后难以取得的情况下，对相关物品和其他相关资料予以清点并登记造册的一种证据保全措施，可以原地保存，也可以异地保存。是行政执法过程中的一种取证手段，具体行政行为中的一个环节，当事人不可因此申请行政复议和提起行政诉讼。

查封和扣押是对有证据证明可能危害人体健康的物品采取的强制措施。查封，是行政机关对行政相对人的财产贴上封条就地封存，查封期间限制财产权的使用，被查封人不得处分其财产，即就地查封。扣押，是行政机关将行政相对人的有关财产置于自己的控制之下，限制行政相对人对其财产的继续占有和处分的一种强制措施，即异地扣押。查封、扣押是独立的行政行为，在法律后果上具有可诉性，可导致行政复议、行政诉讼和国家赔偿等法律后果。

（2）概念不同　查封是一种临时性的执行措施，查封的物品一般是不易移动或没有必要移动于行政机关处的工用具和其他材料证据，即留在原地查封，加贴封条，不准任何人擅自处理和移动。扣押的物品一般是可以移动的，且有必要从行政相对人处转移到一定的场所，主要是异地进行，扣押的物品无论谁保管，都不得任意处理和使用。

（3）适用依据不同　先行登记保存的适用依据是《行政处罚法》第五十六条；查封和扣押的适用依据是《食品安全法》第一百零五条、第一百一十条。

（4）实施条件不同　先行登记保存是在证据可能灭失或者以后难以取得的情况下均可实施；查封和扣押必须在有证据证明当事人的违法行为涉嫌违反相关法律法规规定的情况下方可实施。

（5）控制方式不同　先行登记保存一般是由执法人员与当事人对证据进行现场清点、造册登记、共同签名确认，并将证据就地保存，任何人不得销毁或转移，此措施不影响当事人对证据的占有权。查封和扣押是对与违法行为相关的物品和有关材料实施暂时性控制，包括就地查封或者异地扣押，此措施将直接影响当事人对被查封、扣押的物品或有关材料的占有权。

（6）处理期限不同　采取先行登记保存措施后 7d 内应及时做出处理决

定。查封、扣押的期限为 30d，最多可延长 30d。

先行登记保存、查封和扣押是食品安全事故调查处置过程中最常用的三种行政控制措施，它们的共同点都是用于保存证据，必须经过机关负责人审批后方可实施。因此，在事故调查过程中如何选择应视调查的进展和事实来确定。先行登记保存措施范围较广，只要是证据可能灭失或者以后难以取得的情况下就可以先行登记保存。如果有证据证明违法行为涉嫌违反相关法律法规规定的，如群众举报、现场检查笔录、当事人陈述和事先掌握的证据材料对违法事实的认定可以有效支撑时，就可以直接查封或扣押。相反，如果证据不足或者没有适用法律法规时，则可以先实施先行登记保存。在先行登记保存的 7d 内，办案机构应尽快搜集证据做出没收、扣押、查封或解除先行登记保存措施的决定。

3. 封存食品及其原料、用具和场所

①原料、易腐的食品要封存在冰箱里。不易腐败变质的食品及其原料可统一封存在库房中或其他适宜房间。

②封存被污染的食品工用具、容器。

③封存被污染的与食物安全事故相关的生产经营场所。

以上封存措施须使用先行登记保存证据通知书、实施行政强制措施决定书、场所/设施/财物清单、封条等文书。

告知当事人要承担对登记、实施行政强制措施物品的保全责任，不得私自改变、转移和销毁，违法处理的要负法律责任。

4. 协助采集、检验可疑样品

协助疾病预防控制机构人员、有关检验机构有针对性地采集样品，采样时应重点关注以下问题：

①考虑到中毒发生后事故单位现场有意义的样本有可能不被保留或被人为处理，故应尽早采样，提高实验室检出致病因子的机会。

②当可疑食品及致病因子范围无法判断时，应尽可能多地采集样品。

③可疑食品包括剩余的同批次食品，使用相同加工工具、同期制作的其他食品，使用相同原料制作的其他食品，剩余的食品原料、半成品等。

④环节样品包括食品加工设备、工用具、容器、餐饮具上的残留物或物体表面涂抹样品或冲洗液样品，以及食品加工用水。

⑤从业人员生物标本包括从业人员粪便、肛拭、呕吐物、咽拭、皮肤化脓性病灶标本等。

5. 采取行政措施的原则

为了及时控制可能存在的或进一步扩大的危害和风险所采取的行政措施，应掌握下面几条原则：

（1）行动的必要性　这些行政控制措施往往涉及行政相对人的财产权，影响重大，因此必须严格以国家法律法规为依据。凡法律法规没有规定须采取的行政控制手段，或没有必要采取行政即时控制的，不应实施强制控制措施。如《食品安全法》第一百零五条规定，食品安全监管部门在接到食品安全事故报告后，应采取"封存可能导致食品安全事故的食品及其原料，并立即进行检验；对确认属于被污染的食品及其原料，责令食品生产经营者依法予以召回、停止经营""封存被污染的食品及相关产品，并责令进行清洗消毒"。再如《食品安全法》第一百一十条规定，食品安全监管部门可监督检查"查封、扣押有证据证明不符合食品安全标准或者有证据证明存在安全隐患以及用于违法生产经营的食品、食品添加剂、食品相关产品""查封违法从事生产经营活动的场所"。因此，在事故的现场调查中应根据调查事实的不同情形提出法律规定的行政措施。

（2）程序的合法性　《行政强制法》第十七条规定"行政强制措施由法律、法规规定的行政机关在法定职权范围内实施，行政强制措施权不得委托"。但在监管实际中，许多食品安全监督执法工作由受委托的事业单位（监督所、执法队等）执行。因此，受委托执法机构在开展食品安全事故调查处置过程中，无权下达诸如"查封场所、设施或者财物""扣押财物"等行政强制决定，必须首先向其委托方行政机关负责人报告并批准，由两名以上行政机关执法人员实施。在遇到情况紧急，需要当场实施的，执法人员应当在24h内向行政机关负责人报告，并补办相关的批准手续。

（3）控制的准确性　准确及时地控制可疑食品及其原料，可以有效控制食品安全事故的进一步扩散。食品保质期很短，在事故调查过程中，还需对多环节、多种类危险因素进行检验分析，如过度或过量封存食品、食品原料，可能造成极大浪费，给企业带来经济负担，同时行政部门还有承担行政赔偿的风险。因此，针对可疑食品、食品原料的行政控制措施的判断是一项技术性和时效性都很强的工作，应注意以下几方面的问题：

①事发单位在及时报告、救治病人的同时，应尽最大程度地保护事发现场，便于监管部门查明原因。

②监管部门应在短时间内及时了解事发经过、病人临床表现、主要体

征、医院诊断、治疗过程、疾病流行病"三间分布"、共同食源等，并利用快速检测设备对可能风险原因进行排查，综合分析后，初步确定事故可疑食物的范围。

③食品生产经营单位应严格按照《食品安全法》《食品安全法实施条例》及部门规章的要求，做好食品的留样工作，一旦发生事件后能及时查明原因。

④一旦查明原因，事件平息，无新发病人后，监管部门对行政控制的食品及其原料要及时解封或处理。

⑤监管部门缺乏依据，违背科学，违反程序，盲目采用行政控制措施而导致合格食品、食品原料过期等带来的经济损失，企业可依据《国家赔偿法》向行政机关提出国家赔偿，而监管部门在行政处置过程中没有及时控制导致事态进一步扩大或失控的，也应受到行政问责。

》》 第三节　现场流行病学调查与卫生处理　《《

一、现场流行病学调查概述

食品安全事故流行病学调查是利用流行病学方法调查事故有关因素，提出假设，结合实验室检测结果，评估判断危险因素，提出预防和控制事故的建议。包括人群流行病学调查、危害因素调查和实验室检验。

根据《食品安全法》的规定，县级以上疾病预防控制机构承担食品安全事故流行病学调查职责，对发生或可能发生健康损害的食品安全事故开展流行病学调查工作。其开展事故流行病学调查应当在同级卫生健康部门的组织下进行，与食品安全监管部门对事故的调查处理工作同步进行、相互配合。

二、现场流行病学调查方法与步骤

现场流行病学调查的主要步骤为：确定是否发生或可能发生食品安全事故，核实诊断，制定病例定义，病例搜索，个案调查，描述性流行病学分析，形成致病因子、可疑餐次或可疑食物的假设，采用分析性流行病学方法验证假设等。在实际调查中，以上步骤有的可以同步进行，有的可以适当调整先后顺序，由调查组结合实际情况确定。

（一）初步调查评估（核实诊断）

为了迅速对食品安全事故做出研判，确定是否发生或可能发生食品安全事故，需要核实病例的诊断，对已经获得的食品安全事故信息进行初步调查和评估。

1. 对医疗救治单位及病人的调查

在核实食品安全事故信息来源的准确性后，调查人员应尽快赶赴医疗救治机构，对有关医务人员和事故病例进行调查，如查阅医院的病历、访谈医生、收集病例的临床症状和体征及临床实验室检验结果。包括收集病例人口统计学信息（年龄、性别、职业、住址等），临床表现（发病时间、症状和体征、病情严重程度、病程等），流行病学暴露史（发病前的饮食史、与其他病例的接触史，病例认识的人中有无类似临床表现、病例与有类似临床表现的其他病例暴露情况等）等，可与个案调查一并进行，避免重复。

现场调查人员在这一调查中多采用询问相关医务人员或病人，完成对事故可能发生的场所、可疑食品、发生时间及预测的规模进行初步判断。访谈内容可参考《群体性食源性疾病人群流行病学调查病例访谈表》。

群体性食源性疾病人群流行病学调查病例访谈表

（一）基本信息（在横线上填写相关内容，或在相应选项的"□"中划√）

1. 姓名：

2. 性别：□男　　□女

3. 出生日期：＿＿＿年＿＿＿月（年龄：＿＿＿岁）

4. 所在单位：＿＿＿＿＿＿＿＿＿＿（如为集体单位，填写具体班级或车间）

5. 家庭住址：＿＿＿＿＿＿＿＿＿＿联系电话：＿＿＿＿＿＿＿＿

6. 监护人（如有）：＿＿＿＿＿＿＿

（二）临床相关信息（如有相应症状或体征在"□"中划√，其他请详细注明）

7. 发病时间：＿＿＿年＿＿＿月＿＿＿日＿＿＿时（如不能确定几时，可注明上午、下午、上半夜、下半夜等）

8. 发病时有哪些临床表现？（注明首发症状、各种症状出现的时间和持续时间）

＿＿＿＿＿＿＿＿＿＿＿＿＿＿＿＿＿＿＿＿＿＿＿＿＿＿＿＿＿＿

9. 发病后是否自行服用过抗生素？服药时间？服用过哪些抗生素？

10. 发病后是否就诊？（如就诊，写明就诊医院的名称）

医院是否采集标本进行检测？粪便、血或尿等临床标本检验结果如何？（可复印检验单粘贴）

医院是否使用抗生素？使用过哪些抗生素？

哪些药物或治疗措施的治疗效果明显？

（三）流行病学相关信息

11. 病例共同居住的家庭成员中有无类似的症状？（如有，有类似症状者的发病时间、与病例的关系及发病的临床表现如何?）

发病前 3 天病例在家食用过哪些食物？

其中病例和有类似症状的家庭成员均吃或吃得较多的食物有哪些？家庭成员中未发病者没吃或吃得较少的食物有哪些？病例或有类似症状的家庭成员生活饮用水从哪供应？

12. 发病前 3 天内有无家庭以外的进餐史？（如有，各餐次的进餐时间？就餐饭店名称和地址？有几人同餐？同餐者中有几人有类似症状？有类似症状者的姓名和联系方式?）

如某餐次的同餐者中有类似症状，该餐次的所有食品中，病例和有类似症状的同餐者均吃或吃得较多的品种有哪些？无类似症状的同餐者没吃或吃得较少的食物有哪些？

13. 发病前 3 天内有无进食过市场销售的食品或饮料？（如有，各种食品或饮料的购买时间？购买地点、名称和地址？有几人一起食用？其中有几人有类似症状？有类似症状者的姓名和联系方式？）

_____

14. 发病前 3 天有无有外出史？（如有，同行的有几人？其中有几人有类似的症状？有类似症状者的姓名和联系方式？）

_____

15. 发病前 3 天有无医疗机构暴露史？（如有，暴露的医疗机构名称，暴露次数，每次暴露的医院科室及原因）

_____

16. 病例认为自己发病的原因。

_____

被调查人签名：　　　　　　调查人员签名：

调查日期：　　年　月　日

2. 其他调查

根据食品安全事故发生的不同场所，如食堂（学生、单位职工、工地民工）、饮食（饭）店、农村集体聚餐等，可分别向学校、单位、工地、饮食（饭）店、村（街道）和村民（居民）小组负责人，与事故病人或疑似病人、共同进餐者及有关知情人员了解食品安全事故发病尤其是最先发病者的情况，听取他们对可疑食品、可能原因方面的分析。在该项调查中，一般可初步获得或复核食品安全事故病人或疑似病人名册。

（二）病例定义

病例定义是判断每个调查对象是否为所调查疾病病例的一套标准。病例定义应当简洁，具有可操作性，可随调查进展进行调整。病例定义通常包括流行病学（时间、地区和人群）、临床（症状、体征和临床实验室检测结果）和实验室指标三项。

1. 流行病学指标

（1）时间　限定事故时间范围。

（2）地区　限定事故地区范围。

（3）人群　限定事故人群范围。

2. 临床指标

（1）症状和体征　通常采用多数病例具有的或事故相关病例特有的症状

和体征。症状如头晕、头痛恶心、呕吐、腹痛、腹泻、发热、抽搐等；体征如发绀、瞳孔缩小、病理反射等。

（2）临床辅助检查阳性结果　包括临床实验室检验、影像学检查、功能学检查等，如嗜酸性粒细胞增多、高铁血红蛋白增高等。

（3）特异性药物治疗有效　该药物仅对特定的致病因子效果明显。如用亚甲蓝治疗有效提示亚硝酸盐中毒、抗肉毒毒素血清治疗有效提示肉毒毒素中毒等。

3. 实验室指标

致病因子检验阳性结果：病例的生物标本或病例食用过的剩余食物样品检验致病因子呈阳性。

病例定义可分为疑似病例、可能病例和确诊病例。疑似病例定义通常指有多数病例具有的非特异性症状和体征；可能病例定义通常指有特异性的症状和体征，或疑似病例的临床辅助检查结果阳性，或疑似病例采用特异性药物治疗有效；确诊病例定义通常指符合疑似病例或可能病例定义，且具有致病因子检验阳性结果。

在调查初期，可采用灵敏度高的疑似病例定义开展病例搜索，并将搜索到的所有病例（包括疑似、可能、确诊病例）进行描述性流行病学分析。在进行分析性流行病学研究时，应采用特异性较高的可能病例和确诊病例定义，以分析发病与可疑暴露因素的关联性。

（三）病例搜索

食品安全事故报告的病例大多是实际病例的一部分，为了查明食品安全事故波及的地区和受影响人群范围，调查时应开展病例搜索。病例搜索包括主动搜索和被动搜索，调查组应根据具体情况选用适宜的方法开展病例搜索，一般可参考以下方法：

①对可疑餐次明确的食品安全事故，如因聚餐引起的食品安全事故，可通过收集参加聚餐人员的名单来搜索全部病例。

②对发生在工厂、学校、托幼机构或其他集体单位的食品安全事故，可要求集体单位负责人或校医（厂医）等通过收集缺勤记录、晨检和校医（厂医）记录来搜索可能发病的人员。

（四）个案调查

食品安全事故中的个案调查主要是指对食品安全事故病人或疑似病人个体的调查。个案调查是食品安全事故调查的基础性工作，可为进一步的深入调查提供线索，其结果也是分析判断食品安全事故以及事故中的可疑食品、事故原因、事故发生过程等的基本资料。

1. 调查表的内容与设计

调查表的主要内容：个人信息、人口学信息、临床信息（发病情况、诊疗情况）、发病前进食情况、其他个人高危因素信息（外出史、与类似病例的接触史、动物接触史、基础疾病史及过敏史等）。个案调查表应根据聚餐方式的不同选择使用。

（1）病例发病前仅有一个餐次的共同暴露 可参考《聚餐引起的群体性食源性疾病个案调查表》进行调查。

聚餐引起的群体性食源性疾病个案调查表

____年____月____日（星期____）____时参加_____聚餐的人员请回答以下问题：

（一）基本信息

1. 被调查对象类别（根据临床信息调查结果进行判定）

疑似病例□ 可能病例□ 确诊病例□ 非病例□

2. 姓名：_____

3. 性别：男性□ 女性□

4. 出生日期：____年____月（年龄：____岁）

5. 家庭（或单位）住址：_____

6. 电话：_____

（二）临床信息

7. ____年____月____日您参加过_____聚餐后到____年____月____日（调查之日）是否出现腹泻、腹痛、恶心、呕吐、发热、头痛、头晕等任何不适症状？是□ 否□（如回答否，则跳转至问题15）

8. 发病时间：____月____日____时（如不能确定几时，可注明上午、下午、上半夜、下半夜）

9. 首发症状：_____

10. 是否有以下症状（调查员对以下列出的疾病相关症状进行询问，并在"□"中划√，如果症状仍在持续，在"持续时间"栏的"□"中划√）

腹泻　有□（　次/d）　无□　不确定□　持续时间：__d 或__h，□

腹泻物性状：洗肉水样□　米泔水样□　黄色水样□　糊状□　其他：_____

腹痛　有□（　次/d）　无□　不确定□　持续时间：__d 或__h，□

腹痛部位：上腹部□　脐周□　下腹部；腹痛性质：绞痛□　阵痛□　隐痛□

恶心　有□（　次/d）　无□　不确定□　持续时间：__d 或__h，□

呕吐　有□（　次/d）　无□　不确定□　持续时间：__d 或__h，□

发热　有□（　℃）　无□　不确定□　持续时间：__d 或__h，□

头晕　有□（　次/d）　无□　不确定□　持续时间：__d 或__h，□

头痛　有□（　次/d）　无□　不确定□　持续时间：__d 或__h，□

其他症状（详细注明）：

_____

11. 是否就诊：否□　是□（就诊时间：____月____日____时，门诊□　急诊□　住院□__d)

12. 是否采样：否□　是□（采样时间：____月____日____时）

样本名称：_____

检验指标：_____

检验结果：_____

13. 医院诊断：_____

医院用药：_____

治疗效果：_____

14. 是否自行服药：否□　是□（药物名称：_____）

（三）饮食暴露信息

15. 根据聚餐食谱，调查进食食品（饮料）的品种及数量，并在"□"中划"√"

食品（饮料）名称	进食数量		
	吃□（夹了__筷，或__个，或__g）	未吃□	不记得□
	吃□（夹了__筷，或__个，或__g）	未吃□	不记得□
	吃□（夹了__筷，或__个，或__g）	未吃□	不记得□
	吃□（夹了__筷，或__个，或__g）	未吃□	不记得□
	吃□（夹了__筷，或__个，或__g）	未吃□	不记得□
	吃□（夹了__筷，或__个，或__g）	未吃□	不记得□
	吃□（夹了__筷，或__个，或__g）	未吃□	不记得□
	吃□（夹了__筷，或__个，或__g）	未吃□	不记得□

吃□（夹了__筷，或__个，或__g）		未吃□	不记得□
吃□（夹了__筷，或__个，或__g）		未吃□	不记得□
喝□（喝了__杯，或__罐，或__mL）		未喝□	不记得□
喝□（喝了__杯，或__罐，或__mL）		未喝□	不记得□

16. 聚餐期间是否喝过生水：否□ 是□（喝了__杯，或____mL）

被调查人签名：

调查人员签名： 调查日期： 年 月 日

（2）病例发生在学校等集体单位，发病前有多个餐次的共同暴露 可参考《学校等集体单位发生的群体性食源性疾病个案调查表》调查。

学校等集体单位发生的群体性食源性疾病个案调查表

（一）基本信息

1. 被调查对象类别（根据临床信息调查结果进行判定）

疑似病例□ 可能病例□ 确诊病例□ 非病例（同寝室□ 同班级□ 其他_____）

2. 姓名：_____

3. 性别：□男 □女

4. 出生日期：____年____月（年龄：____岁）

5. 职业：学生□ 教师□ 食堂工作人员□ 教工□ 其他____

6. 班级名称：____年____班

7. 家庭住址：_____联系电话：_____

8. 监护人姓名（如有）：_____监护人联系电话：_____

（二）临床发病及治疗信息

9. 从病例定义中起始时间至调查之日您是否出现腹泻、腹痛、恶心、呕吐、发热、头痛、头晕等任何不适症状？是□ 否□（如回答否，则跳转至问题17）

10. 发病时间：____月____日____时（如不能确定具体时间，可注明上午、下午、上半夜、下半夜）

11. 首发症状：_____

12. 是否有以下症状（调查员根据访谈结果设计以下症状，对以下列出的疾病相关症状进行询问，并在"□"中划√，如果症状仍在持续，编码填写999）

腹泻	有□（　次/d）	无□	不确定□	持续时间	□□□
腹痛	有□（　次/d）	无□	不确定□	持续时间	□□□
恶心	有□（　次/d）	无□	不确定□	持续时间	□□□
呕吐	有□（　次/d）	无□	不确定□	持续时间	□□□
发热	有□（　次/d）	无□	不确定□	持续时间	□□□
头痛	有□（　次/d）	无□	不确定□	持续时间	□□□

其他症状（详细注明）：

_____

13. 是否就诊：否□　是□（门诊□　急诊□　住院□，住院____d）

14. 是否采样：否□　是□（采样时间____月____日____时）

样本名称：_____

检验指标：_____

检验结果：_____

15. 医院诊断：_____

医院用药：_____

治疗效果：_____

16. 是否自行服药　否□　是□（药物名称：_____）

（三）饮食和饮水的暴露信息

17. 填写病例发病前__天（非病例与匹配病例的时间相同）所有餐次的进餐地点，并在"□"中划√，其他请注明具体名称：

实例：某学校学生发生腹泻暴发，学生在校内进餐地点包括：学校的三个学生食堂（学A、学B和学C）、一个教师食堂，以及校内超市（销售的凉面、凉粉等食物）。

时间	餐次	进餐地点或名称（在"□"中划"√"，其他详细注明）					
	早餐	学A□	学B□	学C□	教师食堂□	超市□	其他___
发病前1天	中餐	学A□	学B□	学C□	教师食堂□	超市□	其他___
月　日	晚餐	学A□	学B□	学C□	教师食堂□	超市□	其他___
	其他	学A□	学B□	学C□	教师食堂□	超市□	其他___

（续）

时间	餐次	进餐地点或名称（在"□"中划"√"，其他详细注明）
发病前2天 　月　日	早餐	学A□　学B□　学C□　教师食堂□　超市□　其他＿＿
	中餐	学A□　学B□　学C□　教师食堂□　超市□　其他＿＿
	晚餐	学A□　学B□　学C□　教师食堂□　超市□　其他＿＿
	其他	学A□　学B□　学C□　教师食堂□　超市□　其他＿＿
发病前3天 　月　日	早餐	学A□　学B□　学C□　教师食堂□　超市□　其他＿＿
	中餐	学A□　学B□　学C□　教师食堂□　超市□　其他＿＿
	晚餐	学A□　学B□　学C□　教师食堂□　超市□　其他＿＿
	其他	学A□　学B□　学C□　教师食堂□　超市□　其他＿＿

注：根据致病因子的潜伏期确定需要调查的饮食史时间范围，如需调查发病前更长时间的饮食史，可直接在表中追加。

18. 学生饮水类型包括：开水、生水、桶装水、瓶装水，填写暴发前（＿月＿日前）的饮水习惯：

喝开水：总是喝□　经常喝□　偶尔喝□　从不喝□

生　水：总是喝□　经常喝□　偶尔喝□　从不喝□

桶装水：总是喝□　经常喝□　偶尔喝□　从不喝□

瓶装水：总是喝□　经常喝□　偶尔喝□　从不喝□

其　他：＿＿＿＿＿＿＿＿＿＿＿＿＿＿

（四）其他可疑暴露信息

19. 是否住校：是□　否□

如是，宿舍名称　同宿舍有＿人

其中，有人发病，发病人的姓名：＿＿＿＿＿＿＿

被调查人签名：

调查人员签名：　　　　　　调查日期：　年　月　日

（3）事故发生在社区，病例之间无明显的流行病学联系　如多个社区居民的腹泻暴发，可参考《社区发生的群体性食源性疾病个案调查表》调查。

社区发生的群体性食源性疾病个案调查表

（一）基本信息

1. 被调查对象类别（根据临床信息调查结果进行判定）：

疑似病例□　可能病例□　确诊病例□　非病例□

2. 姓名：_____

3. 性别：男性□女性□

4. 出生日期：____年____月（年龄：__岁）

5. 职业：_____

6. 家庭住址：_____

7. 电话：_____

（二）临床发病及治疗信息

8. 从病例定义中起始时间至调查之日您是否出现腹泻、腹痛、恶心、呕吐、发热、头痛、头晕等任何不适症状？是□　否□（若回答否，则跳转至问题16）

9. 发病时间：____月____日____时（如不能确定几时，可注明上午、下午、上半夜、下半夜）

10. 首发症状：_____

11. 是否有以下症状（调查员可根据访谈结果设计以下症状，对以下列出的疾病相关症状进行询问，并在"□"中划√，如果症状仍在持续，编码填写999）

腹泻	有□（　次/d）	无□	不确定□	持续时间	□□□
腹痛	有□（　次/d）	无□	不确定□	持续时间	□□□
恶心	有□（　次/d）	无□	不确定□	持续时间	□□□
呕吐	有□（　次/d）	无□	不确定□	持续时间	□□□
发热	有□（　次/d）	无□	不确定□	持续时间	□□□
头痛	有□（　次/d）	无□	不确定□	持续时间	□□□

其他症状（详细注明）：

_____

12. 是否就诊：否□　是□（门诊　□急诊□　住院□，住院__天）

13. 是否采样：否□　是□，采样时间____月____日____时

样本名称：_____

检验指标：_____

检验结果：_____

14. 医院诊断：_____

医院用药：_____

治疗效果：_____

15. 是否自行服药　否□　是□（药物名称：_____）

（三）饮食暴露信息

16. 发病前__3__天进餐情况及同餐者情况

日期	餐次	进餐地点	食物名称	同餐者人数	同餐者发病人数
发病前1天 月　日	早餐				
	中餐				
	晚餐				
发病前2天 月　日	早餐				
	中餐				
	晚餐				
发病前3天 月　日	早餐				
	中餐				
	晚餐				

注：根据致病因子的潜伏期确定需要调查的饮食史时间范围，如需调查发病前更长时间的饮食史，可直接在表中追加。

17. 您认为哪一个餐次或哪一种食品可能造成您这次发病？

餐次（可直接填写序号）：_____

食品名称：_____

（四）其他可疑暴露信息

18. 发病前与已知病例接触？无□　有□（如有则填写）

姓名：_____地址：_____联系电话：_____

接触时间：____年____月____日____时____分

19. 发病前外出史：无□　有□

外出时间：____年____月____日

地点：_____

20. 发病前是否参加了某项或多项集体活动（集体活动包括婚礼、聚餐或宴会、野餐活动、表演、展览会、商品交易、学校活动等）？否□　是□（如"是"则填写）

活动名称	活动时间（年/月/日）	活动地点	参加人数	参加者中病例人数	供餐方式 1. 围餐 2. 自助餐 3. 外送 4. 自带 5. 其他（注明）

21. 发病前特殊机构到访史：无□ 有□（如"有"应注明有关情况）

到访机构	是否有类似疾病暴发			联系人及联系方式
医疗机构□	是□	否□	不知道□	
看护机构□	是□	否□	不知道□	
托幼机构□	是□	否□	不知道□	
学校□	是□	否□	不知道□	
食品生产加工机构□	是□	否□	不知道□	
其他□	是□	否□	不知道□	

22. 是否饲养宠物和家禽畜：否□ 是□（动物名称_____）

23. 发病前一周饮用水来源：

市政供水：否□ 是□ 处置方式：烧水□ 生水□

自备井水：否□ 是□ 处置方式：烧水□ 生水□

未经处置的河水、池塘水、湖水、山泉水：否□ 是□

瓶装水：否□ 是□（品牌_____）

24. 近期当地的特殊情况（如集中灭"四害"、农田喷洒农药等）：

_____

25. 近期免疫接种情况：无□ 有□

26. 是否还有其他经口接触（如成人吸烟，儿童吮指、咬奶嘴等）：无□ 有□

被调查人签名：

调查人员签名：   调查日期： 年 月 日

2. 调查方法与过程

人群流行病学个案调查通常按照已制定的病例定义，尽可能对所有病例进行搜索，并开展个案调查。个案调查采用统一的个案调查表或调查问卷，按设计的项目，对病例逐一进行调查。调查者通常采用询问调查方法，请调查对象回答和叙述。

为保证调查质量，每个调查对象应由 2 名专业人员进行调查，其中调查组成员不少于 1 人，且对调查对象逐人单独询问，避免调查对象在同一场所互相交流，影响调查结果的客观性。问题要尽量口语化，通俗易懂，避免诱导性提问。

关于病人进餐情况的询问应注意：

（1）逐个询问　为了解事故是否与饮食因素有关，在核实病人临床发病情况的同时，应逐个询问病人近期的进食史及有关活动情况，以了解病人之间是否有共同的进餐史或其他共同暴露史。调查病例在发病的潜伏期内各种食物的暴露史，病原体未知时调查发病前 72h 所有餐次食物的进食情况，若中毒餐次已有明确指向，可集中对可疑餐次所有食品进行调查，若中毒餐次不清楚则需要结合临床症状对 72h 内的食物进行调查。

（2）帮助回忆　若食品安全事故持续时间较长，调查中应提供日历、可疑餐次食谱或菜单，或在问卷中列出各种食品的名称，以帮助被调查者回忆相关食品的进食史。病人难以记得某些特定食物的进食史，则调查中应询问病例该类食物的进食习惯，也应收集疾病发病前购买的各种食品的信息。

（3）保护隐私　所有的食品安全事故调查都会涉及收集个人隐私信息，包括患者及其家属、其他相关人员的隐私，如姓名、性别、身份证号、电话号码、检查结果和症状、体征等，这些信息受到法律保护，未经允许不得公开。调查小组的所有成员，包括流行病学调查人员、实验室人员、环境卫生调查人员和食品安全专业人员等，都必须熟悉并遵循相关法律法规，以及个人信息保密的规章制度和要求。

（五）采集样品

调查人员到达现场后应立即采集病例生物标本、食品和加工场所环境样品以及食品从业人员的生物标本。样品采集相关要求和操作规范见本章第四节。如未能采集到相关样本的，应做好记录，并在调查报告中说明相关原因。

三、环境卫生评估的方法和步骤

对事故所涉及的食品生产、食品加工或餐饮服务企业进行调查时应进行环境卫生评估。环境卫生评估是对导致事故发生时的环境因素进行系统、详细和基于科学的评价，它不同于为餐馆、食品加工者或食品生产企业发放食品生产许可证而对操作规程和卫生条件开展的食品生产许可审查，也不同于日常监督。环境卫生评估重点关注事故发生的全过程，重点考虑可能的致病因子、宿主因素和环境条件如何相互作用并最终导致事故的发生。

环境卫生评估的首要目标是找出病原体污染、存活或者增殖的可能环节，但更为重要的是，调查者必须寻找出导致这些状况的环境先因。环境先因是隐藏在问题背后的环境因素，包括没有开展足够的人员教育、行为危险因素、管理决策以及其他危险因素等问题。只有明确了问题产生的根源，调查者才能制定出有效的干预和预防措施。

（一）开展环境卫生评估的时机

开展环境卫生评估应尽早启动，开展调查并采集食物和环境样本，能够最大程度反映事故发生当时的情况。此外，可疑食物、食品原料、生产加工食物时产生的废料等可能会被丢弃或变质，与食品生产、加工、贮存、运输或餐饮加工有关的人员也可能更改操作方法和步骤。如果流行病学调查人员找到了患者的共同地点和症状的特点，且这些信息提示了可能是病毒性的、细菌性的、毒素的或者化学性的致病因子，通常应该结合致病因子有关的因素进行环境卫生评估。

（二）环境卫生评估中的信息来源和活动内容

流行病学调查信息对于启动环境卫生评估和指导评估进展是必不可少的。一旦调查启动，环境卫生评估的信息来源应该包括食品信息（如理化特性、来源）、规章和程序、直接的观测、对员工和管理者的访谈，以及可疑的食物、原料或环境表面的实验室检测。

环境卫生评估所包含的具体内容根据致病因子、可疑传播载体和环境情况的不同而不同，但通常包括以下内容：

①初步判断可疑食物。

②观察食物的加工制作工序。

③与员工和管理人员交谈。

④进行测量（如温度、湿度等）。

⑤各生产环节监控摄像回顾。

⑥绘制可疑食物或原料的流程表或流程图，以了解食物加工处理过程，包括贮存、制备、烹饪、冷却、再加热和服务等步骤的详细信息，以发现每

一步中导致污染、致病菌存活及生长（增殖）的风险因素。

⑦采集食物样本，必要时采集接触过涉事食物载体或其生产、使用环境中人员的生物标本。

⑧收集和查阅食品、食品原料的采购材料。

以上调查信息可描绘导致事故的暴露因素出现前，涉事食品企业最可能的环境状况。一旦信息收集完整，便可明确导致食源性疾病暴发的影响因素、环境因素，并制定相应的预防控制措施。

四、卫生处理

《食品安全法》第一百零五条规定，"疾病预防控制机构应当对事故现场进行卫生处理"。涉事企业应该在疾病预防控制中心的指导下开展清扫、消毒等工作，经评估后才能复业。避免因未规范开展卫生处理导致二次污染事件的发生。

食品安全事故现场调查可能需要反复调查取证。因此，对可疑现场必须进行行政控制以保护现场，在调查未结束之前，不能进行清洗消毒，以免破坏现场销毁证据。被污染的食品工用具、容器等可统一封存在库房或其他房间中。

待事故调查结束后，调查组根据环境卫生评估、人群流行病学调查资料、现场卫生学调查情况、实验室检验等对事故原因的分析，确定对加工操作场所进行清理、消毒（包括工具、用具、容器、冰箱、橱柜、桌面、地面、下水道、垃圾桶等）的方法。主要处理方法如下：

①确定为细菌性食物中毒的食品，一般采取蒸煮 15～30min 或用漂白粉消毒后一律废弃、焚烧或深埋；液体的还可加消毒剂杀菌后排放。

②确定为化学性、动植物性、真菌性食物中毒的食品，应采取相应的分解、灭活措施后焚烧或深埋，严禁作为食品工业原料或动物饲料使用。

③根据不同的中毒因素，对中毒场所采取相应的消毒处理。地面、墙壁可用 0.5% 漂白粉溶液消毒。对接触细菌性中毒食品的餐具、容器、设备等用 1%～2% 碱水煮沸或用 0.5% 漂白粉溶液浸泡、擦拭，然后再用清水冲洗干净，并煮沸消毒后再用。

④对接触化学性中毒食品的容器、设备等应针对毒物性质采取相应的消除污染措施，必要时应予以销毁。

»» 第四节　样品采集和实验室检验 ««

食品安全事故流行病学的调查与处置中，实验室检验发挥着不可或缺的作用。实验室检验水平与食品安全事故致病物质查明率密切相关，检验结果在提供疾病临床诊断依据、事故食品和病原因子污染来源等方面具有重要意义。

实验室检验工作技术性较强，检验结果的正确性不仅取决于实验室的条件和水平，同时还与检验样品的采集、保存、送样方法等因素有关，如调查人员是否尽快将现场按要求采集到的样品送实验室检验，检验人员是否选择正确的方法按应急情况立即进行检验等，都影响着检验结果的准确性。因此，在开展食品安全事故调查及处置时，要高度重视样品采集和实验室检验的重要作用，不断提高实验室的检验能力和水平。

一、采样原则

采样应本着及时性、针对性、适量性和防止污染的原则进行，以尽可能采集到含有致病因子或其特异性检验指标的样品。

及时性：考虑到事故发生后现场有意义的样品有可能不被保留或被人为处置，因此应尽早采样。对于病人肛拭样本应尽量在病人用药前采样，提高实验室检出致病因子的机会。

针对性：根据病人的临床表现和现场流行病学初步调查结果，采集最可能检出致病因子的样品。

适量性：样品采集的份数应尽可能满足事故调查的需要；采样量应尽可能满足实验室检验和留样需求。当可疑食品及致病因子范围无法判断时，应尽可能多地采集样品。

防止污染：样品采集和保存过程应避免微生物、化学毒物或其他干扰检验物质的污染，防止样品的交叉污染。同时也要防止样品污染环境。

二、样品采集

（一）采样的时间和数量

致病性微生物所致的食品安全事故，采集临床样品应尽可能在病人发病早期、服用抗菌药物之前进行。服用抗菌药物之后，从临床样品中直接检出病原体的概率将大大降低。化学性食品安全事故，其早期样品所含毒物的浓度一般也比较高，较易检出。需要强调的是，在实际工作中，样品采集与现场调查工作可以同时进行，如对病人进行调查时可以进行病人大便采样，调查可疑中毒食品加工过程时可以进行食品采样。

关于需要采集临床样品的病例数量或比例，目前没有明确规定。为了给食品安全事故诊断和查处食品安全违法行为提供完整的依据，应尽可能采集所有病例的临床样品。如果事故人数超过 100 人，且受条件限制，则可采集临床表现突出的典型病例样品，其他病例可遵循以县（区）为单位，少于 10 例病人的每例采集，超过 10 例病例的采集人数不低于 10 例的原则进行采样。

食品安全事故采样量不受常规食品安全监督工作规定数量的限制，可根据食品安全事故调查处理工作需要进行；采样数量比食品安全监测和监督采样应稍多一些，以便多次反复检测。在没有明确的可疑食品线索时，采取样品应注意样品的代表性；如果已取得可疑食品的部分依据，则应注意样品的典型性，即有针对性地采取最容易、最可能、感官异常、最明显部位的样品。

（二）样本的采集登记和管理

应符合有关采样程序的规定，使用统一制作的采样记录文书，如采样单、样品登记表、样品标签，填写采样时间、地点、数量及其他项目，采样记录应详细、全面、准确，双方人员签字，保证样品与采样程序合法。

（三）样品采集、保存和运送方法

1. 常用的采样物品

食品等样品采样器皿：一次性塑料袋、带盖的无菌广口瓶（100～1 000mL）、采水样的瓶、箔纸密盖的金属罐。

生物样本采样器皿：无菌粪便盒、血液采集管（抗凝、不抗凝）、1～2mL 血清螺旋管、10～30mL 无菌螺旋管、Cary-Blair 运送培养基（适用于肠道样本的保存运送）、Stuart 运送培养基（适合于呼吸道样本的保存运送）、2mL 病毒保存液。

采样用灭菌和包裹的器械：勺、匙、压舌板、刀具、镊子、钳子、抹刀、钻头、金属管（直径 1.25～2.5cm、长度 30～60cm）、吸液管、剪刀、Moore 拭子（供下水道、排水沟、管道等处采样用，取 120cm×15cm 棉纱条，中间用双股长线或金属线系紧制成）、纱布。

消毒剂：75％乙醇、酒精灯。

制冷剂：袋装制冷剂、可盛装水或冻结物的厚实塑料袋或瓶子、装冰用的厚实塑料袋。

防腐剂：10％甲醛溶液或10％聚乙烯醇。

食品温度计：探针式温度计（－20～110℃），长13～20cm；球式温度计（－20～110℃）。

其他常用物品：防水记号笔、胶带、棉球、灭菌蛋白胨或缓冲液（5mL置于带螺盖的试管中）、电钻（用于冷冻食物采样）、蒸馏水、隔热箱或聚苯乙烯盒、标本运输箱。

2. 常见的食源性疾病标本和样品采集类型

病人：粪便、尿液、血液、呕吐物、洗胃液、肛拭子、咽拭子。

食品从业人员：粪便、肛拭子、咽拭子、皮肤化脓性病灶标本。

可疑食品：可疑食品留样、剩余部分及同批次产品、半成品、原料；加工单位剩余的同批次食品，使用相同加工工具、同期制作的其他食品；使用相同原料制作的其他食品。

食品制作环境：加工设备、工用具、容器、餐饮具上的残留物或物体表面涂抹样品或冲洗液样品；食品加工用水。

其他：由毒蕈、河豚等有毒动植物造成的中毒，要搜索废弃食品进行形态鉴别。

3. 生物标本的采集方法、保存和运送

（1）粪便标本　粪便标本是检测细菌、病毒、寄生虫、毒素等的常用标本。应优先采集新鲜粪便15～20g。若病人不能自然排出粪便，可采集肛拭子。采集肛拭子标本时，采样拭子应先用无菌生理盐水浸湿后插入肛门内3～5cm处旋转一周后拿出。合格的肛拭子上应有肉眼可见的粪便残渣或粪便的颜色。

①用于细菌检验的标本。用于细菌检测的粪便标本需5g。肛拭子须插入Cary-Blair运送培养基底部，将顶端折断，并将螺塞盖旋紧。标本应4℃冷藏保存。若疑似弧菌属（霍乱弧菌、副溶血性弧菌等）感染，标本应常温运送，不可冷藏。

②用于病毒检验的标本。用于病毒学检测的粪便标本需10g。肛拭子须置于2mL病毒保存液中。标本应立即冷冻保存。如采样现场无冷冻条件，

标本应在4℃冷藏，并尽快送至有冷冻条件的实验室。标本保存和运送过程中，冷藏或冷冻的温度和时间必须记录。

③用于寄生虫检验的标本。寄生虫检测需要新鲜大便5g，按1份粪便对3份防腐剂的比例加入防腐剂溶液（10％甲醛溶液或10％聚乙烯醇），在室温条件下贮存和运送。如果暂无防腐剂，可将未处置的粪便标本置于4℃冷藏（但不能冷冻）48h。

④当致病原因不明时，每个病例的粪便应分为3份、肛拭子采集3个，分别按照细菌、病毒和寄生虫检验要求进行保存。

（2）血液及血清标本　全血标本通常用于病原的培养及基因检测、毒物检测，一般情况下采集5～10mL。血清标本用于特异抗体、抗原或毒物检测，患者双份血清标本（急性期和恢复期各一份），可用于测定特异抗体水平的变化。急性期血清标本应尽早采集，通常在发病后1周内（但变形杆菌、副溶血性弧菌，急性期血清应在发病3d之内采集）。恢复期血清标本应在发病后3周采集（变形杆菌感染的恢复期血清应在发病12～15d采集）。

（3）呕吐物标本　呕吐物是病原和毒物检测的重要标本。患者如有呕吐，应尽量采集呕吐物。呕吐物标本应冷藏，24h内送至实验室，但不能冷冻。

（4）皮肤损害（疖、破损、脓肿、分泌物）标本　食品从业人员的皮肤病灶，有可能是食品污染源。采集标本前用生理盐水清洁皮肤，用灭菌纱布按压破损处，用灭菌拭子刮取病灶破损部位的脓血液或渗出液。如果破损处闭合，则消毒皮肤后用灭菌注射器抽吸标本。标本应冷藏，24h内送至实验室。

（5）尿液标本　尿液标本是化学中毒毒物检测的重要标本。留取病人尿液300～500mL，冷藏，若长时间保存或运输应冷冻。

4. 食品和环境样品的采集方法、保存和运送

事故调查时应尽量采集可疑剩余食品，还应尽量采集可疑食品的同批次未开封的食品。如无剩余食品，可用灭菌生理盐水洗涤盛装过可疑食品的容器，取其洗液送检。须严格无菌采样，将标本放入无菌广口瓶或塑料袋中，避免交叉污染。食品样品采集量一般在200g或200mL以上。用于微生物检验的食品样品一般应置于4℃冷藏待检，若疑似弧菌属（霍乱弧菌、副溶血性弧菌等）感染，样品应常温运送，不可冷藏。用于理化检验的食品样品置于 4℃冷藏保存、运送，如长时间运输须冷冻。

（1）固体食品样品　尽可能采集可能受到污染的部分。一般用无菌刀具或其他器具切取固体食品，多取几个部分。采集标本须无菌操作，将采集的样品放入无菌塑料袋或广口瓶中。冷冻食品应保持冷冻状态运送至实验室。

有毒动植物中毒时，除采集剩余的可疑食物外，还应尽量采集未经烹调的原材料（如干鲜蘑菇、贝类、河豚、断肠草等），并尽可能保持形态完整。

（2）液体食品样品　采集液体食品前应搅动或振动，用无菌器具将大约200mL 液体食品转移至塑料袋或广口瓶中，或用无菌移液管将液体食品转移至无菌容器中。

（3）食品工用具等样品　盆、桶、碗、刀、筷子、砧板、抹布等样品的采集，可用生理盐水或磷酸盐缓冲液浸湿拭子，然后擦拭器具的接触面，再将拭子置于生理盐水或磷酸盐缓冲液中。抹布也可剪下一段置于生理盐水或磷酸盐缓冲液中。如砧板已洗过，也可用刀刮取表面木屑放入生理盐水或磷酸盐缓冲液中。

（4）水样品　水样品的采集可参照 GB/T 5750.2—2006《生活饮用水标准检验方法 水样的采集与保存》，该标准包括水源水、井水、末梢水、二次供水等水样品的采集、保存和运送方法。

怀疑水被致病微生物污染时，应采集 10～50L 水样，用膜过滤法处置后，将滤膜置于增菌培养基中或选择性平板上，可提高阳性检出率。

5. 注意事项

（1）大便样品采集注意事项

①必须用采便管采集腹泻病人大便，若让事故病人自行留便可能影响致病菌的检出率。

②无论病人是否已经服药，均应进行大便采集。有人认为病人服药后再采集大便没有意义，实践经验表明，病人服药后仍可检出致病菌，只是致病菌检出率可能降低。绝不能因为病人已经服药而放弃大便采集，贻误明确诊断的机会。

③应采集严重腹泻病人的大便，一起较大规模的食品安全事故一般至少采集 20 名以上病人的大便。

应尽量多地采集病人呕吐物，呕吐物已被处理掉时，可以涂抹被呕吐物污染的物品。对病人进行洗胃治疗时，应采集洗胃液。

当发生可疑化学性食品安全事故时，根据情况也应考虑采集血液样品，应采集 5 名以上病人的尿液样品。

（2）食品样品采集注意事项

①尽量采集可疑剩余食品。还应尽量采集可疑食品的同批次未开封的食品。最好是采取餐桌（或厨房）的剩余食物。

②无直接剩余食品时，采集可疑食品的包装或者用灭菌生理盐水洗涤盛过可疑食品的容器，取洗涤液。

③采集同一加工场所加工的其他直接入口的食品。

④原料、辅料、添加剂发现异常情况，或必要时，应采集半成品或原料、辅料、添加剂样品。若是化学性、有毒动植物食品安全事故，采集食品原料更为重要。如有毒动植物中毒时，除采集剩余的可疑食物外，还应尽量采集未经烹调的原材料（如干鲜蘑菇、贝类、河豚、断肠草等），并尽可能保持形态完整。有时采集剩余食品及其原料进行鉴别对寻找中毒食品可起到关键作用。

⑤调查人员应对食品加工场所进行认真全面搜查以客观判断是否还存在剩余食品或者原料。经常有可疑食品加工者为逃脱责任，谎称没有剩余食品或者原料了。

（3）环境样品采集注意事项　主要是水样的采集，当流行病学调查结果显示与水源有关时，应采集人群共用的饮用水样、食品加工用水和桶装水等。

（4）其他样品采集注意事项　食品安全事故的情况复杂多变，根据实际需要可以采集含有或可能含有有毒有害物质的各种物品。

三、实验室检验

①实验室接到送检的食品安全事故标本/样品时，应根据食品安全事故病人临床特点和流行病学资料分析结果，与食品安全事故调查组人员共同商讨，推断可疑致病因素范围，确定检验项目。并依照相关检验工作与技术的要求，立即进行检验。

②当样本量有限的情况下，要优先考虑对最有可能导致疾病发生的致病因子进行检验。开始检验前可使用快速检验方法筛选致病因子。

③对致病因子的确认和报告应优先选用国家标准方法，在没有国家标准方法时，可参考行业标准方法、国际通用方法。如须采用非标准检测方法，应严格按照实验室质量控制管理要求实施检验。

④承担检验任务的实验室应当妥善保存样品，并按相关规定期限留存样品和其分离出的菌毒株。

》 第五节 信息互通与协调配合 《

一、信息沟通网络的建立

事故调查组应当收集、汇总事故调查相关人员的联络方式，包括单位办公电话、传真电话、个人手机号码、电子邮件等信息，提供事故调查组工作人员使用，并及时更新。事故调查组领导小组成员、调查员及有关支持部门的负责人应当保持通信联络畅通。

事故调查相关人员一般包括：

①事故调查组领导小组成员、调查员及相关支持部门负责人，以及事故调查专家组成员。

②同级食品安全监管部门事故应急处置和卫生健康部门的联络人。

③上、下一级事故调查组事故调查联络人。

④县（区）级事故调查组应掌握本辖区乡镇、社区以上医疗机构的通信联系方式。

二、形成协调配合的工作机制

事故的现场调查并不是流行病学调查人员、卫生学调查人员和样品采集人员独立完成相应工作，整个过程应由事故调查的协调机构（即食品安全办公室）统一调度，组织合议，充分沟通后才分阶段有效推进。图 5-1 为食品安全事故现场调查处置流程。

（1）开展现场流行病学调查　现场流行病学调查中，卫生学调查组或属地食品安全监管部门应派一名调查员协助开展现场流行病学调查工作，并将有关信息及时汇总，记录现场流行病学调查情况，重点关注疾病分布、用餐时间、可疑食品等，与现场流行病学专业人员共同商议，初步分析发病原因、推断致病因子、确定可疑食品范围，指导开展现场卫生学调查。

（2）开展现场卫生学调查　根据现场流行病学调查的情况，经现场流行病学调查组初步推断致病因子类型后，现场卫生学调查组在完成对事故单位食品安全基本状况的调查后，应基于致病因子类别对生产加工环节有重点地开展更为精准的高风险环节调查（表 5-1）。

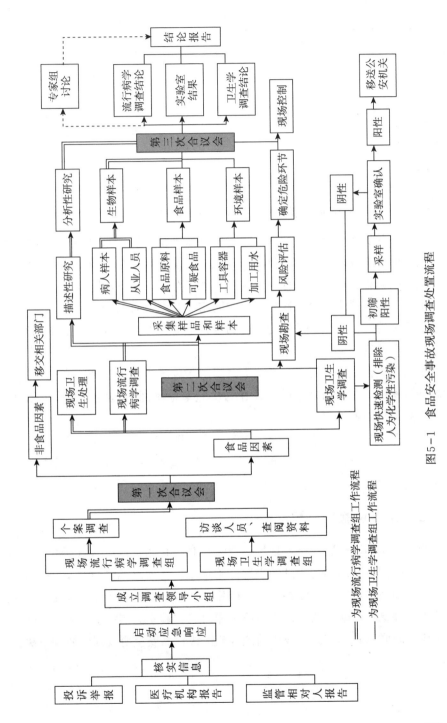

图5-1 食品安全事故现场调查处置流程

—— 为现场流行病学调查组工作流程
—— 为现场卫生学调查组工作流程

表 5 - 1　高风险环节调查分类指导

环节	致病因子				
	致病微生物	有毒化学物	动植物毒素	真菌毒素	其他
原料	+	++	++	++	+
配方		++			+
生产加工人员	++				+
工用具、设备	+	+			+
加工过程	++	+	+	+	+
成品保存条件	++	+			+

注:"＋＋"指该环节应重点调查,"＋"指该环节应开展调查。

（3）召开现场调查合议会议　为排除事故其他可疑因素、确定需采集样本种类、得出事故调查结论,事故调查组应组织各调查小组负责人及成员召开三次事故调查合议会,保证事故调查合理、有序、高效地进行。

①第一次合议会。第一次合议会时间定于个案调查及访谈人员、查阅资料完成后,旨在排除事故发生的非食品因素,为下一步现场流行病学调查和现场卫生学调查提供依据。

②第二次合议会。第二次合议会时间定于现场流行病学调查和现场卫生学调查过程中,在样品采集前,旨在为实验室检测部门提供样品采集依据,确定样品采集的种类。

③第三次合议会。第三次合议会时间定于现场流行病学调查和现场卫生学调查完成后,调查小组交换现场调查情况,旨在综合分析事故调查情况,为流行病学报告和实验室检测提供佐证。

三、确定检验项目和送检

为提高实验室检验效率,现场调查组在对已有调查信息认真研究分析的基础上,根据流行病学初步判断提出检验项目。在缺乏相关信息支持、难以确定检验项目时,应妥善保存样本,待相关调查提供初步判断信息后再确定检验项目并送检。事故调查组应组织有能力的实验室开展检验工作,如有困难,应及时联系其他实验室或报请同级或上级食品安全协调部门协调解决。

第六章

食品安全事故的确定

现场调查完成后，必须尽快确定最后的调查结果，是否为食品安全事故，什么类型的食品安全事故，这对于后续的事件处理和经验总结是必需的。

》 第一节 食品安全事故原因初步分析 《

现场调查完毕后，应对已经获得的信息进行讨论、分析，根据确定的病例标准和病例流行病学分布特点，对是否是食品安全事故和事故食品、致病物质、事故原因，包括发病事件的性质、传播类型、进食可疑食品的时间与地点等进行分析，形成病因假设。在分析时对以下问题或情况应注意鉴别，重点进行考虑。

一、刑事案件

最常发生的是投毒案件，如在调查过程中发现可疑投毒的线索，应及时通报公安机关。另外，根据《刑法》和《食品安全法》的有关规定，对造成严重食品安全事故或者其他严重食源性疾病，对人体健康造成严重危害的，应依法追究刑事责任。经调查初步符合上述情形的，调查组应及时移交公安机关或者请公安机关及早介入。

二、食物过敏

食物过敏一般表现为散发，可以引起过敏的食物有坚果类、海鲜类、鸡蛋、牛奶等，临床上一般有皮肤过敏的表现，怀疑食物过敏时可以请变态反应防治方面的专家帮助诊断。

三、心理因素影响

近年来在涉及中小学生食品安全事故中，某些学生发病是由心理因素影响而非食品引起的，应注意鉴别诊断。其发病特点有：①常发生在儿童、青少年中，在中小学校最常见；②病人有主诉症状，有时非常严重，但没有或者少有客观症状、体征，临床化验各项指标正常；③发现一起学习、生活或者工作的人群中有人发病，怀疑是食品安全事故，自己也食用了可疑事故食品，受到心理暗示，感觉自己身体不适，出现类似症状；④当中小学校某些学生出现相似症状时，学校往往非常重视，如有共同进餐史，最常考虑的是食品安全事故，最常采取的措施是进一步到各班搜寻病人，并把病人送医院治疗，在这样气氛的渲染下，可能会出现学生因心理暗示而发病的现象。

四、水污染事故

当出现以消化道为主要症状的病人，波及的人群较广，没有共同的食物暴露史时，应考虑水污染事故的可能。

五、职业中毒

在有毒有害作业场所工作的人员集体发病，应考虑职业中毒的可能。

六、肠道传染病暴发

痢疾、霍乱等肠道传染病应按《传染病防治法》处理，经现场调查怀疑为肠道传染病暴发时，应邀请传染病防治专家共同参加调查处理，但在初始调查阶段往往不能明确是食品安全事故还是肠道传染病，也不能放弃按食品安全事故调查处理。

七、其他因素

引起群体性发病的因素很多，在调查时应搜集各个方面的情况，如在冬天同室就餐有无一氧化碳中毒的因素，居住地是否有引起群体发病的有毒有害气体等环境致病因素等。

若是重大复杂的食品安全事故，经现场调查和讨论分析，对食品安全事故性质仍不能得出初步判断时，特别是新发病人继续出现、病人病情严重、发病规模有扩大趋势时，应及时请有关领域的专家讨论、会诊，尽快明确诊断，采取有效控制措施，防止对人民群众身体健康和生命安全继续造成危害。

》 第二节 样本的实验室检验结果 《

事故的现场调查对各类危险因素均采集生物学样本、食品样本（可疑食品、食品原料、水源等相关产品）、环境样本，这些样本的检验结果可能对事故的认定具有决定性的作用。其结果不仅与实验室的条件与技术能力有关，还可能受到样本的采集、保存、送样条件等因素的影响，对危害结果的判断应结合实验室检验结果与事故风险环节的关系进行综合分析。对样本的实验室检验结果通常可做如下分析：

（1）检出样本阳性或者多个样本阳性　须判断检出的该样本致病因子与本次事故的关系。事故的阳性致病因子应与大多数病人的临床特征、潜伏期相符，调查组应注意排查剔除偶合病例、混杂因素以及与大多数病人的临床特征、潜伏期不符的阳性致病因子。

（2）检验到相同的致病因子　可疑食品、环境样品与病人生物学标本中检验到相同的致病因子，是确认事故食品或污染原因较为可靠的实验室证据。

（3）未检出样本致病因子阳性结果　亦可能为假阴性，须排除以下原因：

①没能采集到含有致病因子的样本或采集到的样本量不足，无法完成有关检验。

②采样时病人已用药治疗，原有环境已被处理。

③因样本包装和保存条件不当导致致病微生物失活、化学毒物分解等。

④实验室检验过程存在干扰因素。

⑤现有的技术、设备和方法不能检出。

⑥存在尚未被认知的新致病因子等。

（4）不同样本或多个实验室检验结果不完全一致　应分析样本种类、来源、采样条件、样本保存条件、不同实验室采用检验方法及试剂等的差异。

》 第三节 食品安全事故的认定 《

现场调查完成后，必须尽快确定最后的调查结果，即食品安全事故流行病学调查结论，其内容应当包括是否定性为食品安全事故，事故涉及区域范围、确认病例数、致病因素、事故食品及事故原因等。

一、食品安全事故认定机构和程序

食品安全事故的认定，由县级以上食品安全事故应急处置指挥部办公室负责组织开展，成立事故认定领导小组，专家应由事故调查人员、相关专家、监管人员、舆情监测人员共同参与。

二、食品安全事故认定原则

在确定致病因子、事故食品或事故原因等时，应当参照相关诊断标准或规范，并参考以下推论原则：

（1）人群流行病学调查结果、食品卫生学调查结果和实验室检验结果相互支持的，调查组可以做出食品安全事故的调查结论。

（2）人群流行病学调查结果得到食品卫生学调查或实验室检验结果之一支持的，如结果具有合理性且能够解释大部分病例的，调查组可以做出食品安全事故的调查结论。

（3）人群流行病学调查结果未得到食品卫生学调查和实验室检验结果支持，但人群流行病学调查结果可以判定致病因子范围、事故餐次或事故食品，经调查机构专家组 3 名以上具有高级职称的专家审定，可以做出食品安全事故的调查结论。

（4）人群流行病学调查、食品卫生学调查和实验室检验结果不能支持事故定性的，应当做出相应调查结论并说明原因。

三、食物安全事故认定内容

（1）食品安全事故中的病例确认，由开展流行病学调查的疾病预防控制机构结合病例的诊疗资料、个案调查表和相关实验室检验结果，对符合病例定义的病人确认是否与本次食品安全事故相关。

（2）在综合分析人群流行病学调查、卫生学调查和实验室检验结果基础上，做出食品安全事故的调查结论。不能做出调查结论的，应当在调查终结报告中说明原因。上级部门认为需要开展补充调查时，调查机构应当根据上级部门的要求开展补充调查，再结合补充调查结果，做出调查结论。

（3）食品安全事故认定报告中应包括以下方面内容：确定是否是食品安全事故；食品安全事故的类型（化学性、微生物性、毒素性暴发等）；造成食品安全事故的原因，包括致病因子，引发事故的食品及其来源；致病因子污染食品的途径；食品中残存的因素（如为致病微生物还要考虑在食品中增殖的因素）。还应对事故影响做出结论，包括事故波及的范围和影响的人群，事故中的发病人数、病例治疗及转归情况。

第七章

食品安全舆情引导与风险交流

食品安全事故一般均为群体性事件，牵动社会的方方面面，食品安全问题容易被放大和扭曲，舆情引导不当可能导致对整个产业、社会经济的不良影响，甚至引起社会不稳定，损害党和政府形象。如中国奶制品污染事件，波及面之宽，受害人群之广，让整个社会产生安全危机，甚至引发十来年国民对中国奶粉行业的不信任，严重影响了社会经济的发展。因此做好食品安全事故的舆情引导，控制影响面和范围是食品安全事故处理中的重要一环。

» 第一节　舆情分析与引导策略 «

一、舆情风险评估

（一）食品安全舆情风险的定义

风险，是某种危害的严重程度与其发生概率的组合。将"风险"按照发生频率、受众反应、影响程度划分，可分为"灰犀牛"和"黑天鹅"，前者指"小概率的、令人出乎意料的、影响极其严重"的风险，后者指"大概率的、令人习以为常的、影响大"的风险。

食品安全舆情风险可以分为两个层面：一是在物质层面，特指潜在损坏或危及食品安全和质量的因子或因素，包括生物性的、化学性的以及物理性的危害对人体产生的食品安全危害；二是在社会层面，特针对未造成较大范围实质性后果的食品舆情事件，其危害性在于负面、消极的泄愤类舆情和以原始事件为触发点的衍生次生类舆情，会误导公众偏离正确认知，形成恐慌氛围，并有可能转化为实际行动，进而产生更大的社会危害。

（二）食品安全舆情风险的特点

由于所在领域的特殊性，食品安全类舆情具有"三高三低"的特点，即：关注度高，满意度低；参与度高，容忍度低；期望值高，信赖值低。主要表现为：

1. 食品安全与民生密切相关，极易成为舆情"热点"

食品安全舆情是社会矛盾在现实生活中的反映，具有很强的时效性、针对性和互动性。如新冠病毒感染疫情以来，公众对食用野生动物、农贸市场食品安全、进口冷链食品安全、食品从业人员健康管理等问题，都给予了高度关注。

2. 高度关注带来的敏感性

食品相关新闻与公众的身体健康密切相关，较之其他舆情热点，网民对于食品安全舆情的互动热情更高，互动手段和方式也多种多样。如果政府职能部门处置不当，一方面可能失信于公众，若引发大V（指在微博平台获得个人认证，拥有众多粉丝的微博用户）或本地自媒体的转发或炒作，则会骤然加剧热度，传播一定的范围。公众的密切关注很快就会演绎成为舆论风暴。另一方面可能导致恐慌情绪迅速蔓延，抬升舆情处置成本。食品安全问题被放大和扭曲，不仅增加了食品安全监管部门的工作难度，还严重冲击消费者信心，使相关产业乃至行业蒙受巨大经济损失，甚至影响社会和谐稳定。

3. 专业上不对称

食品安全事故涉及食品药品领域的专业知识，并涉及从生产到使用的各个环节。公众受到食品安全专业知识的限制，不能科学全面地认识食品安全问题，一些比较感性化和情绪化的观点甚至谣言在舆论场扩散，形成强大的舆论声势，少数人借题发挥，通过食品安全问题发泄情绪，使舆情的走势难以控制。专业知识欠缺导致事件信息结构的脆弱性和不稳定性，不仅强化了网民的盲从心理，还可能诱发社会的食品安全恐慌。

4. 场域极端情绪严重

网络传播具有自由性和匿名性等特点，网民非理性表达屡见不鲜，一些意见带有严重的情绪化色彩，真实性和客观性不强，这就为不实信息的传播提供了变异的土壤。网络舆论的群际化传播特点和食品安全的民生属性，决定了此类舆情引导的难度远远超过了其他舆情。在信息化、网络化的社会背景下，有关食品安全问题的视频、录音、文字随时可能制作并即时公布于网络，在场域极端情绪裹挟下，容易迅速演变为食品安全公共事件。食品安全问题的客观存在，加上舆论场壅塞的情绪化意见，不仅加速"态度同步"到"行为协同"的转变过程，还有可能引发线下啸聚，诱发行业系统风险。

（三）食品安全舆情风险的分类

1. 背景风险

舆情热度因领域、内容、敏感度不同而异。不同领域、不同内容的舆情风险值差别较大，经常表现出冷热不均的舆情状态，"热者恒热、冷者恒冷"的特征非常明显。食品安全类舆情，从源头看最受关注的有三大类：第一类是原料质量问题。原料类的产品质量问题与公众生活具有天然紧密性，一旦经过媒体的报道和放大，极容易引发公众的强烈反应。第二类是企业产品的质量安全问题，多出现在生产加工环节，诸如新技术的应用、生产流程不规范等。其中，食品生产经营主体的故意违法违规行为尤为严重，会引发舆论场"一边倒"的声讨批驳。第三类是食品安全谣言。此类舆情与食品安全的严峻现实相关，网民欠缺专业知识助推舆情，更多呈现的是对食品安全的担忧和警惕，如处置不力将会推动舆情升级。这三个方面都容易成为舆情高风险领域，而所涉内容的敏感程度不同也会造成舆情热度不同，比如信息的主题、语言、图片、视频尺度和涉及人物的敏感度等。

2. 特征风险

舆情新动向、关注新焦点叠加推高热度。在舆论场中，一段时期内某类话题持续高热，不断由媒体再度报道纳入公众视野。就像时尚流行趋势一样，公众关注的新焦点会成为舆情新动向，在短时间内同类新闻报道层出不穷，就会积聚强大的舆论势能。食品安全涵盖从农田到餐桌的全程供应链体系，在食品供应链体系中的任何一个环节，根据信息互动条件的限制，都有可能带来不同的影响。但总的来说，老人、妇女、儿童因其相对弱势地位，在众多的食品安全事件中体现出不一般的影响力和敏感性，凸显更高的新闻价值。具有这些特征的某件事经过媒体报道引发热议后，多家媒体短期内围绕该事件进行高密度和全方位报道，甚至有些媒体以此事件为起点曝出更多类似事件。这些报道通过挖掘事件的深度和广度，推动公众进行更深入的思考，令该类事件以话题形式持续保持热度。值得注意的是，如果引发讨论的初始事件未得到妥善解决，那么舆论不满情绪可能累积沉淀，而一旦再次曝出类似事件，经过媒体集纳式报道，就会溯及以往"旧账"，呈现一并讨伐的观感，加深舆情的发酵程度。

3. 处置风险

官方舆情引导过程极易形成舆论"槽点"。一起舆情事件的发展走向，很大程度取决于官方的处置措施。应对策略是否得当、应对技巧是否娴熟，都可能成为舆论炒作的"槽点"。事实上，舆情愈演愈烈、不断升级，一般都与官方的危机管理不善存在直接关系。面对危机四伏，如若官方不能做出准确预判，迅速进行有效反应；在处置中，舆情回应不够及时，遇到事情"拖、躲、甩、怠"，导致舆情不断扩散蔓延、引发公众猜测甚至谣言大肆传播；官方舆情敏感度不够，媒介素养不足，在应对中不能区分不同情况，恰当选择多种媒体渠道做出针对性回应；在回应的具体内容上，官方在把控社会关注点、转折点和峰值点的准确度出现偏差，不能围绕舆论关注的焦点、热点和关键问题，进行实事求是、言之有据、有的放矢的回答；在对事件的问责上，不能公正、严肃地对当事人惩处，善后措施差强人意，或者最终没有给出相应的处理或说明，成为"烂尾舆情"，等等，这些都可能是导致舆情风险的诱因。"星星之火，可以燎原"，政府机关在开展舆论引导工作的各个环节都要切准时机，准确掌握"时、度、效"的辩证关系，以有效的处置机制保障危机的平稳过渡。

4. 传播风险

媒体报道失焦导致议程偏离。不少舆情的发生、发展，在一定程度上和媒体未能客观、公正的报道有关系。一是选择性报道。部分媒体为了吸引眼球，博取受众的注意力，在报道中过分追求刺激的花边元素，对影响舆情走向的实质性内容缺少描述，或者报道采访只站在当事人一方角度，而忽视了另一方的核对和佐证，导致公众认知偏颇，引发消极的连锁反应，令舆情朝向恶性轨道滑落。二是报道的缺位。在一些重大突发事件中，由于外力干预及自身缺少新闻敏感，常常出现媒体失语的情况，公众有强烈的知情诉求，而媒体没有及时补位，很有可能促使舆情风险的扩大。三是设置议题吸引流量。受自媒体模式影响，网络媒体的娱乐化、趋利性倾向愈发明显，尤其是部分商业门户网站因渴望重大新闻，追逐经济利益"抢头条"，在编制新闻时无限制渲染细节、制造噱头，让"标题党"现象盛行，而一些似是而非的题目很容易误导公众，造成严重负面影响。四是舆情发展的路径多元，以往由微博、微信爆料，传统媒体跟进报道的形式，早已被颠覆，"新兴媒体"大行其道，令舆情发展路径更加复杂，也更加无规律可循，传播学中"人际传播＋组织传播＋大众传播"被进行立体式排列组合，最终的结果就是舆情酝酿和发酵的时间越来越短。

5. 心理风险

网民非理性表达扭曲舆论走向。由于网络的匿名性、即时性、公共性等属性，舆论群体容易放大一些专横、偏执的情感苗头，一旦由个别网民再进行煽动，就会让舆论审判、道德惩罚、人肉搜索等恶行变成现实。而在非理性情绪的搅动之下，舆论场会大量充斥情绪化言论，令整个舆论变得严重扭曲、失真。

（四）食品安全舆情风险评估步骤

1. 确认信息相关度

随着内容算法的优化，采用大数据抓取网络信息是舆情监测的主要手段，但无法保障获取信息的有效性，不相关信息占比较高，这就需要专业人工编辑或分析师首轮研判舆情信息的相关度。因此，研判舆情的第一步是确定相关度，即确认信息内容是否涉及本单位、本企业、本部门，其相关程度是完全相关、部分相关还是虚假相关，一般相关度越高舆情风险越大。完全相关的信息，舆论讨论更为聚焦，舆情风险最大。部分相关的信息，舆论讨论观点较为分散，存在主要问题和次要问题之分，一般主要问题关注度较高，次要问题一定程度上被弱化，但也不排除随着舆情处置和引导的推进，次要问题上升为主要问题，因此部分相关信息的舆情风险也不容小觑。虚假相关信息，多为捏造、拼凑的不真实内容，舆情风险较低，但也应结合信息渠道、传播量来判断是否进行舆情处置，减少负面舆论影响。

2. 判断信息发布渠道的影响力

判断舆情风险的第二步是判断信息发布渠道的影响力。不同发布渠道对舆情影响力不同，发酵风险则不同。权威媒体报道的事件具有发酵速度快、影响力大、真实性高的特点，舆情风险的级别较高。微博、微信等自媒体个人账号发布的事件具有扩散时间慢、不确定性强的特点，需要核查事件真实性后再做出进一步的反应，舆情风险较低。但目前自媒体发展迅猛，也能够快速吸引流量，尤其是网络名人、网红账号拥有大量粉丝群体，其发布的信息舆论关注度高，更易在短时间内引发舆情关注。普通网民账号关注度和影响力较低，发酵时间较长，一般需要通过有影响力的账号或媒体进行二次传播，才能够获得舆论关注。

3. 统计跟踪各媒介传播量

信息传播情况是判断舆情风险的重要衡量因素。因此，研判舆情风险的第三步就是统计追踪各媒体传播量，根据不同量级最终确定是否或何时开展后续舆情处置工作。判断舆情信息量须根据传播规律，区别不同媒介、平台传播量的舆论影响力。例如，网络新闻媒体的转载量达到 100 篇时，已经表明该信息获得了相当的舆论关注；而微博信息转载 100 余次，或是微信公众号、抖音视频转载 100 余次仅是少量传播。因此，在判断舆情信息传播情况时，须统计不同媒体的传播量，数量越多舆情风险越大，而不同媒体的传播量风险不能用统一数量作为指标。网络新闻媒体具有权威性，受众群体众多，一般少量转发即可能获得大量公众关注，并带动其他媒介共同扩散，因此舆情风险衡量数量门槛较低。自媒体平台则具有不可靠性、圈层性，传播数量须到达一定级别，才能在舆论场中激起涟漪，引发舆论关注，舆情风险衡量数量门槛较高。

二、舆情引导策略与实施

（一）舆情引导的策略

1. 加大监管力度，强化政府公信

政府是食品安全舆情的管理主体，有责任协调处理事件中各种利益矛盾。从食品安全管理的属性来看，存在诸如企业自律、委托管理等形式，但对食品安全的管理属于政府履行市场监管、社会管理和公共服务职能的范畴。监管部门如果反应缓慢或处置不当，大多数矛盾就有可能从普通的投诉纠纷转化为民众与政府间的对立行为。在新媒体语境下，监管部门诠释信息的权威性大打折扣，相关舆情引导充满风险，政府公信力饱受冲击。某些程度上，政府食品安全监管部门经常成为食品安全舆情的批评对象，受到舆论极大关注。

分析食品安全舆情的构成要素，加大监管力度可以打好"提前量"，准确预警研判食品安全舆情发展态势，并对舆情的演变采取有效的控制措施。从食品安全舆情的演绎态势来看，如果政府监管部门主动曝光食品安全事件，则在把握信源、信息解读和情绪安抚等方面具有相当的主动性和权威性，因而能够更好地展开舆情引导工作。故此，通过政府主导，采取政府干预和投入等方式来积极应对食品安全舆情，不仅可以满足公众对监管透明度的诉求，还可以维护政府公信，防止舆情蔓延造成社会恐慌。

2. 普及食品安全知识，引导行为导向

食品安全的核心理念是"信任"，而公众的信心与信任，只能来自食品安全监管的真正到位与相关信息发布的开诚布公。在现有食品生产销售体系中，消费者与生产者（原料提供者）存在着强烈的信息不对称，在出现食品安全问题后，公众也无法获取事件完整真实的信息。由于网络上信息难辨真

伪，政府监管部门发布信息一旦滞后，客观上会助长网民"宁信其有，不信其无"的心态。如果监管主体不能及时通过议题设置引导网民的注意与思考，将会陷入自说自话的"传播窘境"。公众对食品安全风险的感知和由此可能产生的不安，影响着他们对食品安全舆情的判断和反应，关系到食品安全舆情危机的产生。从网民个体行为的群体化趋势来看，在舆情形成与发展过程中，主流观点起到关键性作用。而主流观点的形成，是通过网民观点的自由碰撞与相互融合，最终呈现为优势观点的人为强化。此时若专业知识传播缺位，将导致舆情的急速发展与反复变化，推动网民情绪进入质疑批驳状态。因此，监管部门在平时就要注重食品安全知识的普及、教育和传播，以培养网民理性辨识食品安全信息的能力，从而对其行为导向产生潜移默化的影响。

3. 规范媒体行为，推崇理性价值

媒体影响着公众对周围世界的感知，对公众理解科学知识发挥着举足轻重的作用。在食品安全舆情的发展过程中，网民个体的努力固然推动事件的发展，但对食品安全真相的挖掘还需要通过专业媒体全方位探访来实现。主流观点对舆情的发展方向起到决定性作用，媒体的报道如果客观公正，为民众提供了科学理性认知的途径，则有助于舆情的控制；若媒体无限泛化上纲上线，抓住食品安全个案深挖社会黑暗面，甚至夸张报道传播不实言论，则会使舆情升级失控，危害社会稳定。因此，如何规范媒体行为，推动形成科学理性、客观公正的主流观点，便成为舆情管理的关键。传统媒体的专业性、公信力和权威性，在一定程度上弥补了网络传播的非理性缺陷。对于食品安全事件的舆论引导，应该充分利用传统媒体和网络舆论的传播特点和规律，形成正面正向、理性互动的舆论气场。在处置过程中，既需要传统媒体发挥自身的优势，加强对食品安全事件的介入跟进、关注事态发展，用真实详尽的报道弥补网络传播的片面和不足，同时又需要加强与网络媒体的对话沟通，建立良好的交流机制，共同引导舆论话题的走向，营造积极健康的舆论环境。

4. 完善舆情分析机制，提升应对能力

第一，任何舆情的形成和发展都具有规律性，不仅需要建立统一的信息采集和分析机制，也需要建立完善的舆情引导管理行政体系，及时对外发布信息。在事件发生后基层单位应及时向上级单位汇报情况，做好新闻发布预案。第二，需要扩充信息渠道，利用官博、官微等形式，抓取社情、收集民意；同时发挥基层的主观能动性，充分发挥群众能力，把信息采集延伸到基层。第三，推广新技术应用，建立舆情预警系统，为舆情分析支持。第四，明确舆情责任主体，提高责任意识，减少故意隐瞒不报等问题。第五，在舆情监测方面，应做好舆情分类，梳理舆情意见、情绪等，因为不同事件应对的策略存在区别。

要加大政府工作人员舆情培训，提升应对能力。例如，定期开展专项知识培训，充分把握和认识舆情生成和信息传播规律，提高舆情引导的意识。同时鼓励工作人员多途径地了解网民，提高解读网络信息的能力。建立与民众平等对话的服务意识，能坦然面对并接受来自公众的舆情监督，适应时代的发展要求。另外，也要了解网民的上网习惯，认识网民舆情所关注的集中点，在自媒体发展新形势下真正融入公众网络舆情环境。应完善网络新闻发言人制度。虽然各地多数部门已建成新闻发言人制度，但仍处在不断探索阶段。如何利用其所掌控的最新、最完整的信息资源应对化解公共舆情危机，是发言人的工作重点。因此，要加强制度设计与发言形式的创新，要保障公众、媒体与政府信息沟通顺畅，并依托专业团队在第一时间发布信息，建立信息沟通机制。

5. 尊重舆情规律，促成主流认知

民以食为天，食品安全舆情的戏剧化演绎常常导致舆论场充斥各种谬误和谣言。在食品安全问题上，网民利用新媒体来表达和汇聚民意，政府监管部门也可以利用新媒体来疏导和化解民众情绪。这就需要监管部门在专业领域术业有专攻，尊重食药舆情演变规律，能够在面对危机时做出准确的研判及应对措施。在此基础上，可以从受众需求出发，力求信息透明，采用典型报道、深度报道、网络评论、大V发声等具体引导方式，并利用新媒体矩阵的传播力量，传递各方声音和态度，对民意进行安抚和疏导。舆论场的主流认知，实则是网民态度和情绪的集合。在观点的组织过程中，舆论场充分共振、多频交流，使得某个优势观点脱颖而出，并通过群体心理筛选不断得以强化，最终形成较为一致的观点。所以，要做好食品安全舆情工作，就要推崇理性、理智的价值，准确把握网民心理，既要考虑"说什么"，又要思考"怎么说"，最后通过投放权威信息消除误解、安抚民心，从而促进网民形成科学的思维方式。

（二）舆情引导实施措施

英国危机公关专家 Regester Michael 于 1995 年提出"危机处理 3T"原则，

强调危机处理时把握信息发布的重要性，指出在危机发生后，应做好"tell you own tale"（以我为主提供情况）、"tell it fast"（尽快提供情况）、"tell it all"（提供全部情况）。政府应坚持做好承担责任、真诚沟通、速度第一、系统运行、权威证实、发布信息。根据舆情发展规律与公共危机事件类同，可将其分为舆情萌芽期、高涨期以及恢复期，政府应在每一时期将信息整理并发布事件前因后果，并与公众保持互动，才能有效做好公共舆情引导和管理。

1. 舆情萌芽期

网络舆情具有及时性、复杂性、匿名性等特性。在危机事件发生后，所形成的网络舆情可能极大地影响事件处理，甚至影响社会稳定。因此在舆情的萌芽时期，需要对舆情进行监测，将有害信息、虚假谣言切断和剔除，若不进行实时的舆情监测，等到负向舆情出现并全面暴发，那将极大影响事件处理及后续维护。随着自媒体的快速发展，已经成为舆情的重要发源地，政府部门可以通过对自媒体进行监测，发现虚假言论时应及时回应并清理。第一步，结合舆情特点，制定不同策略。第二步，根据舆情程度，按照适度原则分类，如较轻、一般、较大、重大还是特别重大。第三步，根据现有舆情信息，尽快确定引发舆情的主要原因，确认信息真伪。第四步，确定舆情重点，分析隐性舆情，对有可能扩大事态的舆情进行初步的判定，明确信息的来源，做好应对。然后利用合法途径（网信、公安部门）对有害言论进行删除，防止持续扩散，打击网络犯罪，切断有害信息。在对有害信息控制的同时，政府应及时利用新闻发布会、自媒体平台、主流媒体、官方微博等渠道发布权威事实真相，引导公众的舆情方向。

2. 舆情高涨期

舆情从萌芽期到高涨期主要表现为：一方面得到更大范围的关注，另一方面出现了更多新的信息，引起社会更加深入关注。舆情高涨期是政府部门处理危机的关键时期。当危机发生后，政府部门在及时发布信息后，需要针对网民提出的问题，与网民及时沟通互动，疏导网民的舆情疑惑，在出现新的信息或新的虚假信息时及时回应，并向社会公布危机处理方案。在互联网时代进行政府互动，一方面要明确互动平台，开通政务微博、政务网站，建立和网民互动的平台，进行事件的通报；另一方面要科学制定互动思路，明确途径是什么，达到什么样的效果，采取什么样的方法。当公共事件发生后，网民更多具有从众心理，没有从事件的客观性出发，会存在一定的偏差，政府需要将网民的思路导向正确的方向中。政府可以利用自媒体及时传递新的信息，并积极组织自媒体和传统媒体进行线上和线下沟通交流，开展稳定公众舆情的活动，让社会大众参与其中，协助处理危机事件，帮助受害者渡过难关。

3. 舆情恢复期

随着事件进一步发展，舆情经历了萌芽期和高涨期后，会进入恢复期。在这一阶段，由于公众对事实真相已经充分了解，关注点更多聚焦于政府的处置措施和后续安排问题。这一时期由于没有新的因素和其他不良因素出现，社会大众关注度有所降低，政府也投入危机治理当中，可能会忽视对公众舆情的监控。因此在舆情恢复期，政府首先要做好对舆情的持续性监控，防止新的诱因导致不良舆情的出现。其次，要通过自媒体和传统媒体持续沟通交流与互动，更新信息，及时发现公众舆情的变化。再次，此期间政府要对危机事件进行深入总结，分析存在的不足，完善相应的工作机制，建立应急预案，为后续工作做好充分准备。最后，开展网络舆情引导工作和善后处理，建立健全的信息公开制度，完善信息披露，接受公众监督。网络舆情的形成、发展、演变都存在一定规律，是政府部门应当重视和研究的，分析其在不同时期的特点，建立不同的应对策略，引导网络舆情的正向发展，促进社会和谐稳定。

》 第二节　食品安全风险交流机制 《

一、食品安全风险交流概述

《食品安全法》第二十三条规定，"县级以上人民政府食品安全监督管理部门和其他有关部门、食品安全风险评估专家委员会及其技术机构，应当按照科学、客观、及时、公开的原则，组织食品生产经营者、食品检验机构、认证机构、食品行业协会、消费者协会以及新闻媒体等，就食品安全风险评估信息和食品安全管理信息进行交流沟通"。这是食品安全风险交流的法律依据，明确了食品安全风险交流的主体、原则和内容。2006 年，世界卫生组织/联合国粮农组织在《食品安全风险分析——国家食品安全管理机构应用指南》中明确指出："风险交流是在风险分析过程中，风险评估人员、风险管理人员、消费者、企业、学术界和其他利益相关方就某项风险、风险所涉及的因素和风险认知相互交换信息和意见的过程，内容包括风险评估结果的解释和风险管理决策的依据。"据此，食品安全风险交流是食品安全各利益相关主体就食品安全风险、风险相关因素和风险认知交换信息和观点的过程。风险交流具有公开性和双向性。

　　食品安全涉及链条长，其中所涉及的利益相关主体众多，由于所处立场不同，风险认识存在差异，对食品安全问题的理解也会不同，因此相互之间需要进行风险交流。食品安全风险交流对有效引导食品安全风险舆情，促进食品安全管理水平的提高和食品安全事故的有效处置具有重要意义。一是有利于提高公众的风险认知水平。由于公众与专家信息不对称、公众的情绪感受缺乏有效回应、公众的风险感知认知存在偏差等原因，公众对于某些领域的食品安全风险缺乏有效获取渠道和专业的指导，从而容易轻信网络谣言或者产生误解导致非理性行为。有效的食品安全风险交流有助于弥合各方风险认知的差异，帮助消费者对日常生活中各种纷繁复杂的食品安全信息做出科学判断，从而做出科学选择，减少不必要的担忧，提高食品安全满意度。二是有利于提高政府的公信力。充分的沟通交流，倾听公众所想所急所盼，会提高政府食品安全政策的合理性和可行性，对提高政府的公信力具有重要作用。特别是在发生食品安全事故后，通过公开风险危害程度、风险评估结果以及风险控制方案等信息，可以加强风险管理者和公众对风险认知和控制措施的趋同，统一利益各方的意见，提高食品安全事故处置效率，对于恢复、提高政府的公信力具有重要意义。三是有利于提升食品安全管理水平。食品安全不仅仅是管出来的，不是政府部门单打独斗可以实现的，食品安全"社会共治"已然成为国家治理体系和治理能力现代化的必然要求。风险交流是食品安全社会共治的重要手段和形式。各利益相关方及时交换信息和意见，可以使监管方获取最直接、最现实的建议，打通广大消费者参与决策和监督的通道，从而提高食品安全社会共治水平。

二、食品安全风险交流的主体

　　根据世界卫生组织的相关规定，风险交流主要涉及风险管理者、风险评估者、消费者、企业、学术界、利益相关方等六类主体，在我国主要由以下主体构成。

1. 政府部门

　　政府部门主要以食品安全风险管理者的身份参与风险交流，通常作为风险交流的组织方起主导作用。根据法律规定，卫生行政部门、农业农村部门、市场监管部门等政府部门应依法向社会发布制度标准、政策措施，公开食品安全监管信息，开展科普知识宣传、交流食品安全风险评估信息、发布食品安全风险警示信息等，这些是政府部门开展风险交流的主要内容。

2. 专家学者

食品安全是一个专业领域，其管理过程涉及大量的国家标准和专业术语，需要专家学者就某一问题或对某一事件发表意见进行解释、说明，帮助社会公众理解。其中，食品安全风险评估专家委员会及其技术机构应当对风险评估结果和风险危害结果等进行权威解读。同时，食品安全也是一个社会范畴，涉及领域广泛，一个专家、学者不可能对食品安全全部问题都熟悉。因此，风险交流需要建立一个涵盖食品安全、医学、社会学、心理学、传播学、公共关系和法律等多学科、多领域的专家库。

3. 市场主体

作为食品生产经营者的市场主体，是食品安全的第一责任人，处于食品生产经营第一线，可以直接获取食品生产经营过程中的风险隐患信息，依法应当宣传和普及食品安全知识。在食品安全事件发生后，企业应该具有危机意识，及时向公众公开采取的控制举措、补救措施和保障措施。

4. 消费主体

从本质上来说，食品安全风险交流以重建消费者食品安全信心为目的，消费者的信任是食品安全风险交流的基础。根据法律规定，消费者可向有关部门了解食品安全信息，对食品安全监督管理工作提出意见和建议。

5. 行业协会

食品行业协会应当提供食品安全信息、技术等服务，引导和督促食品生产经营者依法生产经营，推动行业诚信建设，宣传、普及食品安全知识。在风险交流中，主要针对行业现状、发展趋势、安全隐患、自律措施等进行信息交流。

6. 新闻媒体

作为信息的传播渠道与交流平台，新闻媒体负有开展食品安全法律法规以及食品标准和知识的公益宣传，并对食品安全违法行为进行舆论监督的法定义务。在风险交流中，新闻媒体具有不可替代的作用，但新闻媒体不得编造散布虚假的食品安全信息。

三、食品安全风险交流的原则

1. 科学原则

首先，风险交流必须基于科学。交流者提供的风险危害性、风险等级、风险相关因素及消费者应对措施等信息必须有科学准确的信息来源。其次，风险交流的方法和技巧基于科学。交流者需要了解心理学、传播学、决策学和行为科学等方面的知识，在了解受众认知水平的基础上，开展科学、系统的风险交流。

2. 客观原则

首先，风险交流的各主体在交流过程中必须以事实为基础，既不能避重就轻、模棱两可、掩盖事实，也不能夸大其词、混淆视听、以偏概全。其次，一次不能讲清楚的事情，可以根据事态发展进行多次交流，特别是对危害原因等要持谨慎、客观的原则，避免前后不一致。

3. 及时原则

及时原则在食品安全事件处置过程中尤为重要。食品安全事件往往是突发的，短时间内会受到消费者和媒体的高度关注。及时的风险交流可以避免谣言对权威消息传播空间的挤占。让消费者和其他利益相关者能够及时知晓情况并采取应对措施，最大程度降低风险对社会带来的冲击和危害。及时原则要求食品安全管理部门增强风险意识，加强舆情监测与风险研判，了解社会公众的反映和期待，对可能发生的各种风险做到心中有数、分类施策，有效掌握局势、化解危机。在风险出现的早期甚至未出现时，就开始组织各方参与进来，疏导受众，避免极端情绪的产生。

4. 公开原则

食品安全的管理者、评估者与各利益相关方在重大食品安全问题、社会关注敏感点以及管理决策制定等方面应公开交换看法，提出处理意见和建议。

四、食品安全风险交流的分类与内容

（一）食品安全日常风险交流

日常风险交流主要以食品安全管理信息公开为主，信息公开是提高公众风险科学认知的有效途径，是遏制谣言传播的利器。食品安全信息公开是指根据法律规定，监管部门将食品监管各环节中获取的与公众有关的信息公示出来。根据《食品安全法》《食品药品安全监管信息公开管理办法》等，监管部门应当遵循全面、及时、准确、客观、公正的原则依法公布食品安全信息。食品安全信息公开，既保障了公众的知情权、参与权、表达权和监督权，又可以让消费者清醒地认识到食品安全零风险是不存在、不科学的，这种科学认知的建立非常有必要。日常风险交流主要有以下内容：

1. 行政许可信息

《行政许可法》第四十条规定"行政机关作出的准予行政许可决定，应当予以公开，公众有权查阅"。行政许可公开主要是对行政许可的事项、许可条件和标准、许可程序和费用、许可限额、结果等进行公开，行政许可信息公开可以有效保障公众的知情权和监督权。

2. 行政处罚信息

根据《食品药品行政处罚案件信息公开实施细则》，食品相关行政处罚主要是对食品行政处罚案件名称、处罚决定书文号、被处罚人基本信息、违法主要事实、处罚的种类和依据、履行方式和期限、做出处罚决定的行政执法机关和日期等内容进行依法公开。行政处罚信息公开让违法行为在广大民众的监督下进行，既可增加企业的违法成本，也让公众了解哪些企业存在食品安全问题，可以趋利避害进行消费选择，增强消费信心。

3. 监督检查信息

依法公开日常监督检查和飞行检查等监督检查结果信息。对于广大消费者而言，公开检查信息有助于消费者及时了解企业的现状和生产经营过程中存在的问题，充分了解生产经营企业的资质条件、生产经营过程是否合法合规，也可以帮助企业依法依规生产经营，不断完善自身的产品质量控制体系。

4. 监督抽检信息

依法公开抽检单位、抽检产品名称、标示的生产单位、标示的产品生产日期或者批号及规格、检验依据、检验结果、检验单位等监督抽检信息。这些信息具有科技含量，是公众获取食品是否安全的最直接依据。

5. 食品安全预警信息

食品安全监管部门要充分利用市场巡查、专项执法检查、监督抽检、投诉举报平台、舆情监测信息和相关部门情况通报等，在不同时段及时发布各种食品安全信息，对消费者进行食品安全风险解读及预警，达到预防为主、有效防范的目的。

（二）食品安全事故风险交流

在食品安全事故处置过程中，根据食品安全风险交流的组织方的不同，最常见的有政府主导的事故风险交流和企业自行开展的风险交流两种，主要是为了有效处置食品安全事件，避免此类舆情事件的发生，维护社会稳定。

1. 政府主导的事故风险交流

（1）主要内容

①事件处理信息发布。政府部门（食品安全监管部门）应及时公布事件发生地和责任单位基本情况、伤亡人员数量及医疗救治情况、事故原因、事故责任调查情况、应急处置措施等内容。发生较大食品安全事件后，应在当地政府的领导下，第一时间拟定信息发布方案，第一事件向社会公布简要信息，随后发布初步核实信息、政府应对措施和公众防范措施，并根据事件发展和处置情况滚动公布相关信息。信息发布的形式主要有发布通报、新闻通稿、组织报道、接受记者采访及举行新闻通气会、新闻发布会等。

②风险评估信息交流。食品安全风险评估是风险管理的科学依据。风险评估结果可以作为应对措施的科学依据，使处置措施更具科学性和实效性，避免舆论炒作的不良影响。在食品安全突发事件中，政府部门应迅速组织专家，加强与风险评估专家的交流，以更快地查找出事件原因，做出更为科学合理的行政控制措施。同时，以评估过程和评估结果为交流重点，通过媒体向公众宣传和解释，让消费者建立量效观念，也就是吃多少量才会造成真正的危害，帮助人们理解风险，消除公众的恐慌情绪，重建消费信心。

③举一反三强化举措。政府部门要以食品安全事件解决为基础，切实加强风险隐患排查和日常食品安全监管力度，落实企业食品安全主体责任，加强安全宣传教育，提高消费者的食品安全认知水平。同时，要及时总结食品安全事故的教训，查找工作和体制机制上的漏洞，并举一反三予以完善，建立长效机制。举一反三强化举措，对于恢复消费者信心、提升政府公信力非常重要，有助于避免消费者产生"头痛医头、脚痛医脚"的消极情绪。

（2）基本策略

①及时开展事故调查。再高超的食品安全风险交流也要以实实在在的监督管理为基础。食品安全事故发生后，食品安全监管部门要立即开展调查处理，掌握真实情况，公开事件基本情况。

②及时公开事故信息。在新媒体时代，食品安全问题会通过多种渠道快速发酵，须立即通过新媒体、传统媒体对舆论加以引导，充分发挥新闻媒体信息传播和舆论监督的作用，畅通与新闻媒体的交流渠道，不得封锁消息、干涉舆论监督。在信息传递效率较高的当下，政府部门要保障食品安全风险交流的有效性，应尽量在事件发生 24h 内开展食品安全风险交流，避免谣言事件的出现。采用官方微博、微信公众号等自媒体平台发布事件信息的，应

及时进行舆论引导，并安排专人对公众意见进行梳理、引导、回复。

③及时收集掌握舆情。食品安全问题"燃点"低、发酵快，容易引发舆情事件。危机应对的关键是捕先机。开展风险交流前，食品安全监管部门要利用好官方微博、12315投诉举报平台等互动信息交流平台，持续关注网络舆情动态，及时收集媒体、公众对事件的看法，全面了解公众诉求，分析舆情敏感因素、传播特征及趋势、可能存在的炒作或恶意竞争因素等，筛选出重点舆情进行技术分析，对风险交流中可能遇到的问题进行预判，必要时召集相关领域专家进行专题研究，有针对性进行应对，避免次生舆情的发生。

④合理选择交流主体。在面对面进行风险交流时，政府部门作为主导者，应合理选择参与交流的主体。在专家的选择上，应涵盖食品、卫生、疾病防控等方面的专家进行解读，让公众信服；在媒体选择上，主要选择主流媒体进行发声；在消费者选择上，主要选择较有号召力、诉求比较明确、情绪较为激烈的消费者。同时要邀请涉事企业、相关行业协会到场进行面对面零距离的沟通交流。

⑤合理选择发布方式。在日常工作中，政府部门要着力推进舆论阵地建设，构建食品安全风险交流话语阵地、网络平台。在事件发生后，可以利用官方"两微一端"（微博、微信、客户端）平台进行权威发声，占领舆论制高点，媒体会广泛转载官方观点，避免四面发声，风声鹤唳。要掌握正确引导媒体的技巧，把握舆论导向，引导媒体准确表达事实真相，提高报道的专业水平，提高风险交流的准确性及有效性。

⑥摆正位置端正态度。食品安全事件发生后，政府部门要加大救助力度，对消费者的健康与财产造成的损害要采取负责的态度，积极制订赔偿方案，确实维护好消费者的权益，帮助将损失降低到最低。危机处理过程中要尽量放低姿态，积极回应消费者的担心，安抚公众情绪，视情况可采取向公众道歉等方式平息事态。

⑦语言要通俗易懂。在风险交流过程中，应拟定风险交流口径，要将晦涩难懂的专业语言转化为通俗易懂的语言，交流通稿尽量简单明了，避免产生歧义。交流中要注重双向沟通，避免"单项宣传"、信息单一，对于交流过程中提出的问题，当场能予以解决的应当场解决，不能当场解决的在规定的日期内予以解决。

⑧加强部门沟通协作。食品安全监管部门、卫生行政部门、农业农村部门、公安等部门，应加强沟通，互通信息，通力协作，避免部门间的推诿扯

皮，提升政府公信力。

⑨措施要权衡利弊。在充分保护公众健康和利益的前提下，尽可能保护行业的发展，避免行业整体受损。

2. 企业自行开展的风险交流

（1）与媒体的沟通　事故发生后，媒体会蜂拥而至，涉事企业不可避免地要与媒体打交道。作为企业应妥善寻找企业利益和社会责任之间的平衡点，积极、主动地与媒体沟通，耐心面对媒体的疑虑，尽可能为媒体提供科学信息，以消除媒体及公众的疑虑和不安。

（2）与消费者的沟通　企业应树立"顾客利益至上"的理念，将企业处理问题的态度、企业解决问题的措施等积极与消费者进行沟通。

（3）与政府的沟通　食品安全事故发生后，涉事企业应当依法报告，并配合事故调查，促进尽快查明事故原因，妥善处置事件。

食品安全事故应急处置风险交流流程如图7-1所示。

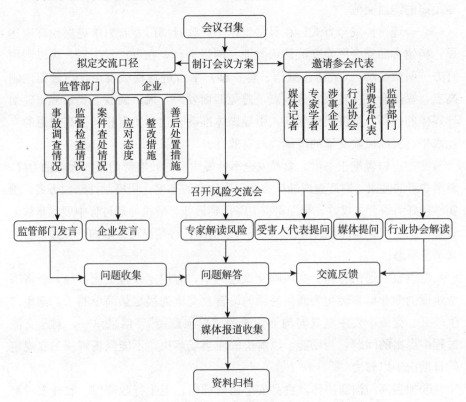

图7-1　食品安全事故应急处置风险交流流程

第八章

食品安全事故法律责任

《食品安全法》《刑法》《地方党政领导干部食品安全责任制规定》等法律法规对地方党政领导干部和食品安全监管人员以及食品生产经营者在食品安全监督管理中失职渎职以及违法违规行为应承担的行政责任、民事责任和刑事责任等均做出了较为详细的规定。

》 第一节 行政责任 《

一、行政处分

(一)责任追究的依据

《食品安全法》及其实施条例、《中共中央　国务院关于深化改革加强食品安全工作的意见》《地方党政领导干部食品安全责任制规定》《突发公共卫生事件应急条例》《国家食品安全事故应急预案》《学校食品安全与营养健康管理规定》等。

(二)应当追究的情形

（1）对发生在本行政区域内的食品安全事故，未及时组织协调有关部门开展有效处置，造成不良影响或者损失的。

（2）对本行政区域内涉及多环节的区域性食品安全问题，未及时组织整治，造成不良影响或者损失的。

（3）隐瞒、谎报、缓报食品安全事故的。

（4）本行政区域内发生特别重大食品安全事故，或者连续发生重大食品安全事故的。

（5）未确定有关部门的食品安全监督管理职责，未建立健全食品安全全程监督管理工作机制和信息共享机制，未落实食品安全监督管理责任制的。

（6）未制订本行政区域的食品安全事故应急预案，或者发生食品安全事故后未按规定立即成立事故处置指挥机构、启动应急预案的。

（7）未按规定查处食品安全事故，或者接到食品安全事故报告未及时处理，造成事故扩大或者蔓延的。

（8）经食品安全风险评估得出食品、食品添加剂、食品相关产品不安全结论后，未及时采取相应措施，造成食品安全事故或者不良社会影响的。

（9）不履行食品安全监督管理职责，导致发生食品安全事故的。

（10）违规插手、干预食品安全事故依法处理和食品安全违法犯罪案件处理的。

（11）有其他应当问责情形的。

（三）追责的对象

地方党政领导干部、乡镇（街道）党政领导干部，各类开发区管理机构党政领导干部。县级以上地方人民政府，县级以上人民政府市场监督管理、卫生健康、农业农村、海关等部门。疾病预防控制机构，食品检验机构，审评认证机构，承担食品安全风险监测、风险评估工作的技术机构等。

（四）追责的方式

对直接负责的主管人员和其他直接责任人员给予记大过处分；情节较重的，给予降级或者撤职处分；情节严重的，给予开除处分；造成严重后果的，其主要负责人还应当引咎辞职等。

（五）学校食品安全事故责任追究

学校是比较特殊的场所，保证师生的饮食安全尤为重要，一旦发生食品安全事故，后果一般比较严重。追究相关责任人员的职责也更为严厉。《学校食品安全与营养健康管理规定》对此做了较为详细的规定。

第五十八条规定：学校食品安全的相关工作人员、相关负责人有下列行为之一的，由学校主管教育部门给予警告或者记过处分；情节较重的，应当给予降低岗位等级或者撤职处分；情节严重的，应当给予开除处分；构成犯罪的，依法移送司法机关处理：①知道或者应当知道食品、食品原料劣质或者不合格而采购的，或者利用工作之便以其他方式谋取不正当利益的；②在招投标和物资采购工作中违反有关规定，造成不良影响或者损失的；③怠于履行职责或者工作不负责任、态度恶劣，造成不良影响的；④违规操作致使师生人身遭受损害的；⑤其他违反本规定要求的行为。

第五十九条规定：学校食品安全管理直接负责的主管人员和其他直接责任人员有下列情形之一的，由学校主管教育部门会同有关部门视情节给予相应的处分；构成犯罪的，依法移送司法机关处理：①隐瞒、谎报、缓报食品安全事故的；②隐匿、伪造、毁灭、转移不合格食品或者有关证据，逃避检查、使调查难以进行或者责任难以追究的；③发生食品安全事故，未采取有效控制措施、组织抢救工作致使食物中毒事态扩大，或者未配合有关部门进行食物中毒调查、保留现场的。

第六十条规定：对于出现重大以上学校食品安全事故的地区，由国务院教育督导机构或者省级人民政府教育督导机构对县级以上地方人民政府相关负责人进行约谈，并依法提请有关部门予以追责。

第六十一条规定：县级以上人民政府食品安全监督管理、卫生健康、教育等部门未按照食品安全法等法律法规以及本规定要求履行监督管理职责，造成所辖区域内学校集中用餐发生食品安全事故的，应当依据食品安全法和相关规定，对直接负责的主管人员和其他直接责任人员，给予相应的处分；构成犯罪的，依法移送司法机关处理。

二、行政处罚

根据《食品安全法》及其实施条例的规定，市场监督管理、农业农村、海关等部门，对发生食品安全事故的食品生产经营单位应给予行政处罚，其目的既是查处食品生产经营单位的违法行为，更是有效预防和控制食品安全事故的发生。

《食品安全法》第一百二十八条规定：违反本法规定，事故单位在发生食品安全事故后未进行处置、报告的，由有关主管部门按照各自职责分工责令改正，给予警告；隐匿、伪造、毁灭有关证据的，责令停产停业，没收违法所得，并处十万元以上五十万元以下罚款；造成严重后果的，吊销许可证。

《食品安全法实施条例》第六十七条规定："造成食源性疾病并出现死亡病例，或者造成 30 人以上食源性疾病但未出现死亡病例"可被认定为《食品安全法》第一百二十三条至第一百二十六条、第一百三十二条以及本条例第七十二条、第七十三条规定的"情节严重"的情形。

》 第二节 民事责任 《

《食品安全法》及其实施条例在民事法律责任方面主要规定了民事赔偿优先、惩罚性赔偿、首付责任制和连带责任等规定。

一、民事赔偿优先的规定

违反本法规定，造成人身、财产或者其他损害的，依法承担赔偿责任。生产经营者财产不足以同时承担民事赔偿责任和缴纳罚款、罚金时，先承担民事赔偿责任。

二、惩罚性赔偿的规定

生产不符合食品安全标准的食品或者经营明知是不符合食品安全标准的食品，消费者除要求赔偿损失外，还可以向生产者或者经营者要求支付价款十倍或者损失三倍的赔偿金，增加赔偿的金额不足一千元的，为一千元。但是，食品的标签、说明书存在不影响食品安全且不会对消费者造成误导的瑕疵的除外。

三、首负责任制的规定

消费者因食用不符合食品安全标准的食品受到损害的，可以向经营者要求赔偿损失，也可以向生产者要求赔偿损失。接到消费者赔偿要求的生产经营者，应当实行首负责任制，先行赔付，不得推诿；属于生产者责任的，经营者赔偿后有权向生产者追偿；属于经营者责任的，生产者赔偿后有权向经营者追偿。

消费者通过网络食品交易第三方平台购买食品，其合法权益受到损害的，可以向入网食品经营者或者食品生产者要求赔偿。网络食品交易第三方平台提供者不能提供入网食品经营者的真实名称、地址和有效联系方式的，由网络食品交易第三方平台提供者赔偿。

四、连带责任的规定

网络食品交易第三方平台提供者，使消费者的合法权益受到损害的，应当与食品经营者承担连带责任。

集中交易市场的开办者、柜台出租者、展销会的举办者，使消费者的合法权益受到损害的，应当与食品经营者承担连带责任。

食品检验机构出具虚假检验报告使消费者的合法权益受到损害的，应当与食品生产经营者承担连带责任。

认证机构出具虚假认证结论，使消费者的合法权益受到损害的，应当与食品生产经营者承担连带责任。

广告经营者、发布者设计、制作、发布虚假食品广告，使消费者的合法权益受到损害的，应当与食品生产经营者承担连带责任。

社会团体或者其他组织、个人在虚假广告或者其他虚假宣传中向消费者推荐食品，使消费者的合法权益受到损害的，应当与食品生产经营者承担连带责任。

》 第三节 刑事责任 《

涉及食品安全事故的犯罪主要有：

一、生产、销售不符合安全标准的食品罪

《刑法》第一百四十三条规定：生产、销售不符合食品安全标准的食品，足以造成严重食物中毒事故或者其他严重食源性疾病的，处三年以下有期徒刑或者拘役，并处罚金，对人体健康造成严重危害或者有其他严重情节的，处三年以上七年以下有期徒刑，并处罚金；后果特别严重的，处七年以上有期徒刑或者无期徒刑，并处罚金或者没收财产。

二、生产、销售有毒、有害食品罪

《刑法》第一百四十四条规定：在生产、销售的食品中掺入有毒、有害的非食品原料的，或者销售明知掺有有毒、有害的非食品原料的食品的，处五年以下有期徒刑，并处罚金；对人体健康造成严重危害或者有其他严重情节的，处五年以上十年以下有期徒刑，并处罚金；致人死亡或者有其他特别严重情节的，依照本法第一百四十一条的规定处罚。

三、生产、销售伪劣产品罪

《刑法》第一百四十条规定：生产者、销售者在产品中掺杂、掺假，以

假充真，以次充好或者以不合格产品冒充合格产品，销售金额五万元以上不满二十万元的，处二年以下有期徒刑或者拘役，并处或者单处销售金额百分之五十以上二倍以下罚金；销售金额二十万元以上不满五十万元的，处二年以上七年以下有期徒刑，并处销售金额百分之五十以上二倍以下罚金；销售金额五十万元以上不满二百万元的，处七年以上有期徒刑，并处销售金额百分之五十以上二倍以下罚金；销售金额二百万元以上的，处十五年有期徒刑或者无期徒刑，并处销售金额百分之五十以上二倍以下罚金或者没收财产。

《最高人民法院、最高人民检察院关于办理危害食品安全刑事案件适用法律若干问题的解释》第十三条第二款规定：生产、销售不符合食品安全标准的食品，无证据证明足以造成严重食物中毒事故或者其他严重食源性疾病，不构成生产、销售不符合安全标准的食品罪，但是构成生产、销售伪劣产品罪的，依照其他犯罪定罪处罚。

《刑法》第四百零八条之一规定：负有食品安全监督管理职责的国家机关工作人员，滥用职权或者玩忽职守，导致发生重大食品安全事故或者造成其他严重后果的，处五年以下有期徒刑或者拘役；造成特别严重后果的，处五年以上十年以下有期徒刑。徇私舞弊犯前款罪的，从重处罚。《最高人民法院、最高人民检察院关于办理危害食品安全刑事案件适用法律若干问题的解释》第二十条规定，负有食品安全监督管理职责的国家机关工作人员，滥用职权或者玩忽职守，导致发生重大食品安全事故或者造成其他严重后果，同时构成食品监管渎职罪和徇私舞弊不移交刑事案件罪、商检徇私舞弊罪、动植物检疫徇私舞弊罪、放纵制售伪劣商品犯罪行为罪等其他渎职犯罪的，依照处罚较重的规定定罪处罚。

» 第四节 党纪规定 «

党中央、国务院历来高度重视食品安全工作，特别是党的十八大以来，出台了一系列食品安全工作的重大决策部署。2013 年 12 月，习近平总书记在中央农村工作会议上指出，要用最严谨的标准、最严格的监管、最严厉的处罚、最严肃的问责，也就是"四个最严"，来确保广大人民群众"舌尖上的安全"。为贯彻党中央、国务院决策部署，落实食品安全党政同责要求，完善食品安全责任制，2019 年 2 月，中共中央办公厅、国务院办公厅印发了《地方党政领导干部食品安全责任制规定》（以下简称《规定》），并发出通知，要求各地区、各部门认真遵照执行。

《规定》是第一部关于地方党政领导干部食品安全责任的党内法规，把党中央、国务院关于食品安全工作的决策部署落实到党内法规层面，充分体现了党中央、国务院对食品安全工作的高度重视，充分体现了以人民为中心的发展思想，为保障食品安全提供了长效机制。

《规定》坚持以习近平新时代中国特色社会主义思想为指导，对于推动形成"党政同责、一岗双责，权责一致、齐抓共管，失职追责、尽职免责"的食品安全工作格局，提高食品安全现代化治理能力和水平，将产生重大而积极的作用。《规定》明确及时有效组织预防食品安全事故和消除重大食品安全风险隐患，使国家和人民群众利益免受重大损失的；在食品安全工作中有重大创新并取得显著成效的；连续在食品安全工作评议考核中成绩优秀等情形的，按照有关规定给予表彰奖励。《规定》明确未履行《规定》职责和要求，或者履职不到位的；对本区域内发生的重大食品安全事故，或者社会影响恶劣的食品安全事件负有领导责任的；对本区域内发生的食品安全事故，未及时组织领导有关部门有效处置，造成不良影响或者较大损失的；对隐瞒、谎报、缓报食品安全事故负有领导责任的；违规插手、干预食品安全事故依法处理和食品安全违法犯罪案件处理等情形的，应当按照有关规定进行问责。

《规定》明确及时报告失职行为并主动采取补救措施，有效预防或者减少食品安全事故重大损失、挽回社会严重不良影响，或者积极配合问责调查，并主动承担责任的，按照有关规定从轻、减轻追究责任；对工作不力导致重大或特别重大食品安全事故，或者造成严重不良影响的，应当从重追究责任。

为完善制度规定，2019 年 8 月，中共中央在新修订的《中国共产党问责条例》中将"在食品药品安全涉及人民群众最关心最直接最现实的利益问题上不作为、乱作为、慢作为、假作为、损害与侵占群众利益问题得不到整治，以言代法、以权压法、徇私枉法问题突出的，群众身边腐败和作风问题严重，造成恶劣影响的"情形，列入对党组织、党的领导干部问责的内容之一，对该类问责情形进行了明确的规定与细化，通过精准规范问责促进各级党组织和领导干部牢记初心使命、勇于担当作为，有利于进一步形成党政领导齐抓共管食品安全工作的强大合力。

第九章

食品安全事故实例分析

本章以几个实例进行食品安全事故分析，以便更好地理解、掌握和处理各类食品安全事故。

实例一　南昌市三家幼儿园因金黄色葡萄球菌污染致群体性食源性疾病事件

一、案情描述

2017年9月5日，省儿童医院等多家医疗机构报告，南昌市某区2家、某区1家幼儿园儿童因呕吐、腹痛等症状就医，疑似食物中毒。接到报告后，南昌市食品药品监督管理局执法人员前往调查，经查该三家幼儿园均从南昌红谷滩新区吉利蛋糕店采购草莓卷蛋糕提供给本校学生。

监管人员立即对南昌吉利蛋糕店展开调查，经查，2016年底彭某租用红谷滩新区一民房为厂房开办了该蛋糕店，办理了营业执照和税务许可证，但未办理小作坊登记证，聘请杨某和程某制作蛋糕，并与多家幼儿园签订了糕点供应合同。2017年9月4日，杨某、程某制作了600余个草莓卷蛋糕，由于店内冰箱盛放不下，杨某和程某将制作好的草莓卷蛋糕常温状态放置，次日7时30分至13时许，彭某驾驶无冷藏设施的汽车将草莓卷蛋糕从店内送至市内上述三家幼儿园供园内幼儿作为早餐或下午点心食用。当日下午至晚上，三家幼儿园食用草莓卷蛋糕的部分幼儿陆续出现呕吐、腹痛等症状。监管人员立即对学校的蛋糕留样及吉利蛋糕店生产作坊台面、盛具等进行了采样并送检，南昌市疾病预防控制中心调查人员也对就医儿童开展了流行病学调查和生物学样本的采集。

南昌市疾病预防控制中心经核查后认定，剔除癔症、重复报告的病例，截至2017年9月13日8时，涉案三所幼儿园食物中毒事件累计发病67例，经检测，在该蛋糕店的工具、用具、容器上检出金黄色葡萄球菌，在菌株中检出金黄色葡萄球菌肠毒素A。在三家幼儿园留样的草莓卷蛋糕中均检出金黄色葡萄球菌，在上述菌株中检出金黄色葡萄球菌肠毒素A。在出现中毒症状的幼儿呕吐物中也检出金黄色葡萄球菌肠毒素A。因此，该事件是一起食用被金黄色葡萄球菌污染的草莓卷蛋糕导致的食物中毒。

南昌市食品药品监督管理局以吉利蛋糕店未经许可非法生产经营草莓卷蛋糕，且在制售草莓卷蛋糕过程中违反了《食品生产通用卫生规范》《食品生产加工小作坊质量安全控制基本要求》的规定致食物中毒对其立案查处，并移送公安机关。被告人彭某犯罪后自动投案自首。南昌市东湖区人民法院依法审结此案，以被告人彭某犯生产、销售不符合安全标准的食品罪判处有期徒刑四年并处罚金人民币两万元。同时南昌市食品药品监督管理局对三家涉事幼儿园以经营不符合安全标准的食品案立案查处，处于没收违法所得，并处于十万元罚款的行政处罚。

二、讨论分析

本案例是《食品安全法》（2015修订版）实施以来南昌市发生的一起较大食品安全事故。这起案例的发生对食品从业者、消费者、监管人员都带来深刻的教训：

1.吉利蛋糕店因生产规模小、生产条件差，尚不能达到食品生产企业注册许可条件，仅能作为小作坊予以登记管理。《江西省食品小作坊登记管理办法》于2017年5月1日才颁布实施，因此该企业自开业起一直处于监管空白，其生产的糕点产品则是高风险食品，本应即时即售的产品因供应链的拉长（幼儿园配送）风险加大，再加上该企业生产场所卫生条件差，且食品原料易受致病菌污染等高风险因素叠加，导致了本次事故的发生。

2. 涉事三家幼儿园在食品采购环节没有依法履行进货查验义务，从无生产许可资质的食品小作坊采购食品，也是导致这起群体性食物中毒事件发生的主要原因。

3. 属地监管部门在新的法律法规颁布后，未能及时告知其相关程序，对其无证生产的情形未能及时发生并制止。

实例二　广东省中山市某公司因食用扁豆致群体性食源性疾病事件

一、案情描述

2015 年 1 月 19 日，中山市某公司发生一起食物中毒事件，经现场流行病学和卫生学调查核实，最终确认该起事件为进食未煮熟煮透的扁豆而引起的植物性食物中毒。具体情况如下：

1. 流行病学调查。某公司是一间服装加工企业，配套有员工宿舍、食堂。员工共 206 人，其中女性 140 人，男性 66 人。2015 年 1 月 19 日 13 时起，该公司陆续有数十名员工出现恶心、呕吐症状，后被送往当地医院就诊。首例病例于 1 月 19 日 13 时发病，末例于 17 时发病。首末例发病时间间隔为 4h。发病高峰期为 14 时至 15 时，发病中位数为 15 时。

2. 临床表现。共搜索到病例 40 名，均为某公司员工，罹患率为 19.4%（40/206）。病例临床症状为恶心、呕吐、头晕、腹痛、头痛。21 名进行血常规检查的病例中，76.2% 中性粒细胞百分比升高，71.4% 中性粒细胞绝对值升高，61.9% 白细胞计数升高。

3. 现场卫生学调查。其公司食堂持有效的《餐饮服务许可证》，从业人员 3 人，均能出示有效健康证明。食堂采购原料由厨工陈某负责，每天采购回来的食材一般当日用完。食堂厨师于 1 月 19 日早上 6：30 在当地市场购回 18kg 扁豆，清洗后切成 3 段，用自来水浸泡 2h 后捞起备用。11 时左右，厨师先把猪瘦肉炒熟，再把扁豆放进大锅里一起翻炒 10min 左右起锅备餐。扁豆分两次制作，每次翻炒 9kg，制作过程没有加盖锅盖。

4. 实验室检验。采集病例和从业人员肛拭样共 4 份，病例呕吐物试样 4 份，食堂加工环节试样 5 份，均未检出金黄色葡萄球菌及肠毒素、蜡样芽孢杆菌。

5. 诊断与治疗。依据 GB 14938—1994《食物中毒诊断标准及技术处理总则》，结合现场流行病学和卫生学调查结果、病例临床表现和实验室检测结果，确认本事件为某公司员工因进食未煮熟煮透的扁豆而引起的植物性食物中毒事件，中毒食物为该公司食堂 2015 年 1 月 19 日午餐提供的扁豆。

经当地医院对症治疗后症状缓解，未出现危重和死亡病例，病程约 1d。

二、讨论分析

扁豆又称"东北面豆""猫儿豆"，为菜豆的一种，含有生物毒素皂苷和红细胞凝集素，一般烹调方式较难破坏这些毒素，如没有煮熟煮透则会引起中毒。四季豆、扁豆等菜豆角导致中毒事件在全国各地时有报告，尤其是在秋冬季节。据研究显示，四季豆等菜豆角的致病物质可能是由于其含有皂苷和红细胞凝集素，当加工方法不当，加热不透，毒素未被破坏而引起中毒，一般须在 100℃下、加热 20min 才可有效灭活毒素。另有研究表明，烹煮四季豆至 80℃左右，会提高豆类毒性，因此未煮透的四季豆比生豆毒性更强。

从本例看，调查人员依据流行病学调查、临床症状和实验室检测结果做出此次事件是一起由扁豆引起的食物中毒的结论是可靠的。但从本案例我们也可得出以下几点经验：

（1）目前国内尚无菜豆中毒的诊断标准和红细胞凝集素与皂苷的定量检测方法，菜豆中毒的认定缺乏统一标准和检验数据的支持，应尽快加强这方面标准的研究和制订。

（2）除采集从业人员的肛拭样以外，还应采集从业人员的手拭子，微生物检测项目较少，可多增加几项常见致病菌的检测，如致泻性大肠埃希菌、溶血性链球菌、副溶血性弧菌等。

实例三　北京市福寿螺引发的群体性食源性疾病事件

一、案情描述

2006 年 6 月 24 日，北京市 3 人因头痛、发热、恶心、呕吐、颈部僵硬、伴皮肤感觉异常等症状，到北京市友谊医院就诊，经检查血液、脑脊液，发现嗜酸性粒细胞明显增高。经询问，医务人员发现 3 名病人均于 5 月 20—22 日到某川菜连锁酒楼就餐，食用过福寿螺等食物。于是，接诊医生两次前往该酒楼采集以福寿螺作为原料的两道菜作为样品，带回实验室检测。结合病人的临床表现和所采样品的实验室检测结果，友谊医院医生考虑 3 名病人可能因进食含寄生虫的福寿螺致病，初步诊断为广州管圆线虫引起的嗜酸性粒细胞增多性脑膜脑炎。

7 月 3 日，北京市友谊医院向市疾病预防控制中心报告 3 例嗜酸性粒细胞增多性脑膜脑炎病例。为进一步查找病因，友谊医院热带病研究所委托北京市卫生部门对某川菜连锁酒楼使用的福寿螺进行采样。北京市西城区卫生监督所前往该川菜连锁酒楼的一家分店采集了 10 个福寿螺样品，友谊医院热带病研究所从其中 2 个福寿螺肉中检出了广州管圆线虫Ⅲ期幼虫。8 月 11 日，友谊医院 3 名住院病人致电北京市西城区卫生监督所，投诉在某川菜连锁酒楼食用福寿螺螺肉等食物后，出现异样症状，入院被诊断为广州管圆线虫病。

群体性感染广州管圆线虫致病在北京为首次发生，接到报告后，北京市卫生局组织成立专案组，对某川菜连锁酒楼两家分店予以立案调查，迅速开展流行病学调查、实施监督执法检查。经专案组调查和对病人进餐史的询问，发现所有病人均曾在北京某川菜连锁酒楼西城区和朝阳区两家分店就餐，均食用过以福寿螺为原料制作的食物。通过调查发现，在2006年5月20日，北京某川菜连锁酒楼推出两道新菜，即凉拌螺肉和香香麻辣嘴螺肉。最初，这两道菜是以一种叫角螺的海螺为原料，后来改用淡水福寿螺代替海螺，卫生学调查发现酒楼的福寿螺来自某集贸市场，在加工过程中，厨师仅用开水焯几分钟，然后捞出来晾干，为制作凉菜备用。有顾客点这道菜时，厨师用水再焯一下即将福寿螺盛盘上桌。这样的制作工序使螺肉仍处于生或半生的状态，福寿螺内含有的寄生虫不能被有效杀灭。通过对病人临床表现及进餐史的综合分析，卫生部门认为极大可能是因为福寿螺中含广州管圆线虫，且酒楼在烹调加工过程中未能将寄生虫杀灭，导致进食者感染广州管圆线虫病。在整个福寿螺事件中，北京市有关医院累计诊断广州管圆线虫病病人160人，卫生监督机构调查确认病例138例。对该酒楼使用的原料福寿螺采样进行实验室检测，结果表明福寿螺中含有广州管圆线虫幼虫，与友谊医院热带病研究所的检测结果一致。据此，致广州管圆线虫病群体性发病的致病源得到证实。

北京市卫生局立即部署和组织开展全面的调查工作，同时指导和协助医院积极救治病人。前期感染广州管圆线虫的病例分布在友谊医院、航空总医院、北大医院等医疗机构。随后，北京市卫生局指定北京友谊医院为广州管圆线虫病治疗定点医院；同时，组织开展广州管圆线虫病监测，主动搜索病例；要求发热门诊、呼吸内科、神经内科等医师对有"三高"（高热、嗜酸性粒细胞高、颅内压高）和"三痛"（头痛、肌肉痛、皮肤刺痛）症状的病人进行检查，及时做出诊断和鉴别诊断，并要求北京所有医疗机构对广州管圆线虫病实行每日报告制度。8月19日，北京市卫生局向18个区（县）卫生局及其属地医疗卫生机构和市直医疗卫生单位下发《广州管圆线虫病临床诊疗规范（试行)》，要求各级各类医疗卫生机构认真执行，按照规范要求开展广州管圆线虫病的诊治工作。8月18日，北京市卫生局下发《加强餐饮业食品卫生管理，防止人感染广州管圆线虫病的紧急通知》，明确要求餐饮单位立即停止出售生食、半生食淡水螺类食品。北京市卫生局组织有关专家迅速开展临床医学、病原学、流行病学研究，配合卫生行政部门研究制定国家广州管圆线虫病诊断标准、福寿螺中广州管圆线虫检验方法，进一步落实诊疗和防控措施。卫生监督部门对市售福寿螺进行了大规模监督检查，组织全市卫生监督人员对餐饮业进行全面监督，检查各类餐馆近 2 000 家。

北京市某川菜连锁酒楼两家分店因对食品加工、处理不当，引发广州管圆线虫病的群体性发病，其行为违反了《食品卫生法》的有关规定，依据《食品卫生法》和《行政处罚法》相关规定，北京市卫生局对某川菜连锁酒楼两家分店造成群体性感染广州管圆线虫病的违法行为做出处罚决定：该店一被罚款共计人民币 315 540 元，该店二被罚款共计人民币 100 084 元。

二、讨论分析

食源性疾病的一个重要特征就是食品是传播疾病的媒介。如果不及时发现并消除这一媒介，食源性疾病就会源源不断地发生，甚至呈暴发性增长。该案例虽然发生在十多年前，但仍有许多成功的处置经验值得学习与借鉴。医疗救治单位的敏锐性、卫生部门应急处置的及时性是及时发现并控制福寿螺导致的食源性疾病的关键。目前，食源性疾病的监测、数据分析和处理归口在卫生健康部门，而食品安全管理职能在市场监督管理部门。因此，《食品安全法》及其实施条例要求卫生行政部门在调查处理传染病或者其他突发公共卫生事件中，发现与食品安全相关的信息以及其辖区内医疗机构上报的食源性疾病信息应通报同级市场监督管理部门，这一点显得尤为重要。

福寿螺导致的食源性疾病事件发生后，事故单位被依法处罚，社会舆论也强烈谴责经营者的违法经营行为。食品生产经营者作为食品安全第一责任人，有责任保障消费者的饮食安全。消费者的需求是市场供求杠杆，也是商家提供服务的基础和驱动力。因此，食品消费者也应当主动选择健康的食物，让不安全的食品退出市场。众所周知，除了福寿螺之外，还有一些动物性食品也在威胁着我们的安全，比如传播非典病毒的果子狸，引起肺吸虫病的小龙虾，还有传染甲肝的毛蚶。2020 年，我国《野生动物保护法》再次修订，世界各国也在逐步推动禁止猎杀猎食野生动物，共同防范野生动物带给人类的食源性疾病和动物源性疫病逐渐成为一种共识。

实例四　一起由沙门氏菌污染食品致群体性食源性疾病事件

一、案情描述

2016 年 8 月 4 日，云南省巍山县疾病预防控制中心接到某乡卫生院报告：8 月 1 日 14 时起该院及所辖某村卫生所陆续收治 100 余例疑似食物中毒的病人，发病前均参加过该村何姓村民于 7 月 31 日—8 月 3 日在家举办的婚宴。经巍山县疾病预防控制中心初步调查核实，判定为一起食物中毒事件。为查明致病因子、致病食品及其污染来源，采取有效措施控制本次事件蔓延，预防今后类似事件的发生，云南省疾病预防控制中心对本次事件开展了现场流行病学调查。

经查，该乡来自 11 个自然村的 640 名就餐者中，138 例病人符合病例定义（疑似病例 134 例、确诊病例 4 例），罹患率为 21.6%（138/640）。临床表现以腹泻 99.3%（137/138）、腹痛 92.8%（128/138）、发热 43.5%（60/138）为主，恶心 21.0%（29/138）、呕吐 15.9%（22/138）比例较低，部分病例伴有头痛 39.1%（54/138）、头昏 16.7%（23/138）等症状，无重症及死亡病例。其中男性 62 例（44.9%），女性76例（55.1%）；7岁以下儿童10例（7.2%）。最大年龄84岁，最小年龄9月龄。首例病例发病时间为8月1日14：00，末例病例发病时间为8月4日22：00，潜伏期中位数为28h，发病时间流行曲线提示为持续同源暴露模式。经采用病例对照研究、叉生分析研究显示，菜品中凉菜拼盘与发病相关。

当地食品安全监管部门开展的卫生学调查显示，该村民7月31日为婚宴筹备日，未正式供餐。8月1—3日为婚宴正餐日，统一提供包括煮羊肉、凉菜拼盘、饮品等15种食品。现场勘察发现婚宴主办者何某家厨房较为简陋，食品加工卫生环境条件较差，且婚宴期间当地气温较高。凉菜拼盘中灌肚为7月31日购自一农村家庭食品加工作坊，后置于何某家冰箱中冷藏保存；里脊肉片和炸排骨均于7月31日由主（帮）厨在何姓村民家厨房自行卤制完成后放置于案台上室温存放；8月1日正餐日将灌肚、里脊肉片、炸排骨加入生胡（白）萝卜丝摆盘，未加热即直接食用。主厨与帮厨在食品制作过程均未戴一次性手套等防护用具。

现场采集的11份病例肛拭子标本、4份食品样品、2份饮水样品经实验检测，4份病例肛拭子和1份凉菜拼盘中灌肚均检出B群沙门氏菌。用脉冲场凝胶电泳（PFGE）技术对检出的5株沙门氏菌进行分子分型，结果显示5株菌PFGE图谱为同一带型，提示病例分离株和食品分离株在分子水平具有紧密相关和高度的同源性，为同一暴露源。

二、讨论分析

根据调查的流行病学特征、病例临床表现、可疑食品危险性分析以及实验室检测结果，判定本次事件是一起由B群沙门氏菌污染聚餐食品导致的食物中毒，主要致病食品为婚宴提供的凉菜拼盘。食品卫生学调查推断，食品加工卫生环境与食品加工制作过程不规范是本次食物中毒发生的危险因素。通过现场流行病学调查及实验检测技术确定导致本次中毒事件的致病因子与致病食品后，及时封存、销毁了剩余受污染的食品，控制了事件的蔓延。

这起案例是我国农村地区较常见的自办宴席中因加工条件卫生状

况差引发的食品安全事故。该案因所涉人群多、用餐次数多、菜品数量多等因素增加了调查的难度。事件的调查存在以下局限性：一是受客观因素影响，未能回访调查到所有的婚宴就餐者，描述流行病学分析内容尚待完善。二是未能明确污染来源，因婚宴主（帮）厨、食品协助制作者均非专业的食品从业人员，无健康证明，在事件发生前后1周并无不适症状，未能采集其肛拭子标本进行病原菌携带检测。可能的污染环节仅能依据流行病学与食品卫生学调查推断。三是未能采集到更多的可疑食品样品进一步分析，虽然叉生分析结果显示同时食用拼盘中两种以上凉菜将增加发病风险，但受采样因素影响，不能明确是否为多种食品同时受污染所致。四是基层医疗机构在疫情报告方面存在延迟现象，一定程度上影响了对事件的早期研判和处置工作的决策。

当前在我国广大农村地区，受厨（伙）房等食品加工场所卫生环境、食品加工制作设备及居民食品安全意识等因素影响，食品及饮用水污染导致食物中毒事件屡有发生，这也凸显了农村以自办宴席为例的集体就餐方式存在诸多食源性疾病发生的风险环节。因此，建议进一步加强对农村自办宴席的监管，规范自办宴席的申报审批制度，同时加强民间厨师队伍备案管理与食品加工操作规范培训，强化农村地区的食品安全健康宣教，避免类似事件的再发生。

实例五　一起由亚硝酸盐污染引发的群体性食源性疾病事件

一、案情描述

2015年5月31日晚，某市某大学学校医院报告，接诊了30多名出现恶心、呕吐、昏迷等症状的学生，个别患者症状比较严重，出现了休克、血压下降等情况。接到报告后，市疾病预防控制中心派出调查人员开展现场调查。经查，这些学生都在本校第三食堂用过晚餐，根据临床症状初步判断为化学性食物中毒。疾控人员立即向当地食品药品监督管理局报告，属地监管人员立即赶赴现场展开调查，在食堂加工间操作台上有亚硝酸盐存放，经询问，该食堂厨师表示该亚硝酸盐是腌制香肠剩下的。检验人员对第三食堂食品留样、环境样品采样并送检验机构。经检测，食品样品中检测到亚硝酸盐含量超过国家标准限量。样品中未检出致病性微生物。结合病例临床表现、人群流行病学调查结果、实验室检测结果，经专家组会商，该起事件为一误将亚硝酸盐当作食盐用于食品加工，从而引发的化学性食品安全事故。当地食品安全监管部门依据《食品安全法》有关规定对其进行了立案查处。

二、讨论分析

（一）亚硝酸盐的基本特点

亚硝酸盐主要指亚硝酸钠，亚硝酸钠也称为工业用盐，为一种白色或微黄色结晶，无臭，有咸味，易潮解，易溶于水，外观及滋味都与食盐相似。在工厂化的肉类制品中允许作为发色剂和防腐剂限量使用，可增强肉的鲜红美感，还有一定的抑菌防腐效果。亚硝酸盐为强氧化剂，超量进入人体后，可使血液中低铁血红蛋白氧化成高铁血红蛋白，从而失去运氧功能，致使组织缺氧，人体出现青紫而中毒。一般人在服用后 4h 左右会引起反应。人体一次性摄入 0.2～0.5g 可引起中毒，一次性摄入 1g 即可致死。亚硝酸盐食物中毒在各类食物中毒事件中具有发生次数多、发病率高、死亡人数多的特点，严重影响人民群众的身体健康和生命安全。

（二）中毒的主要原因

许多新鲜蔬菜中含有微量的亚硝酸盐，一般不会造成食用者中毒。但贮存过久的蔬菜或放置过久的剩菜，菜中硝酸盐在细菌作用下会转化为亚硝酸盐，食用就会发生中毒。此外，腌制不久的蔬菜也含有大量亚硝酸盐，一般盐腌 4h 后亚硝酸盐开始增加，14～20d 达到高峰，此后又逐渐下降。若食用加入过量亚硝酸盐的食品，或误将亚硝酸盐当食盐食用等，即引起亚硝酸盐中毒。

（三）亚硝酸盐中毒的表现

亚硝酸盐中毒发病急，一般潜伏期 1~3h，中毒的主要特点是由于组织缺氧引起的发绀现象，如口唇、指尖青紫，重者面部及全身皮肤青紫。患者头晕、乏力、呼吸困难、恶心、呕吐、腹痛、腹泻，严重者昏迷、休克、呼吸衰竭而死亡。

（四）我国对亚硝酸盐使用的规定

《食品添加剂使用标准》（GB 2760—2014），明确规定了亚硝酸盐在食品中的使用范围和残留量（以亚硝酸钠计）：腌腊肉制品类（如咸肉、腊肉、腊肠等）、肉灌肠类、肉罐头类、熏/烧/烤肉类、西式火腿类、发酵肉制品类、油炸肉类、酱卤肉类均允许残留量为 0.15g/kg。2012 年，卫生部、国家食品药品监督管理局联合发布公告，在餐饮业禁止使用亚硝酸盐。

为有效预防亚硝酸盐食物中毒，餐饮服务单位、学校食堂、集体食堂、建筑工地食堂要加强内部管理，严禁购买、使用亚硝酸盐，严防投毒事故发生。消费者在日常生活中要提高防范意识，不吃腐烂蔬菜，食剩的熟菜在高温下存放过久不可再食用；腌菜时至少腌制 20d 以后再食用；不要购买和食用散装盐，应选择在正规商场、超市和持有食盐销售许可证的店铺购买食盐，若是加碘盐注意外包装上是否标有碘盐证明商标；由于亚硝酸盐和食盐的物理性质极为相似，普通人很难区分，如果食用后发生胸闷、憋气、青紫等现象，应立即到正规医院就诊，以免延误治疗时机。

实例六　一起媒体曝光引发的食品安全舆情事件

一、案情描述

2017 年 8 月 25 日，新浪微博爆出北京海底捞火锅劲松店后厨三大问题：老鼠横行食品柜，扫帚、簸箕、抹布与客人餐具同池清洗，洗碗机内部沾满油污。危机发生后，海底捞公司发出两份声明。第一篇声明的发出是在媒体曝光、监管部门介入调查后 8h 内做出。首先态度诚恳，主动承认错误，确认媒体报道属实；其次做出承诺，承诺尽快调查，调查处理结果会公之于众，鼓励社会各界继续监督。第二篇声明在之前的基础上继续表明态度：主动积极配合政府的监管调查，欢迎媒体和顾客检查，承认公司管理层负有责任。同时说明后续处理办法，涉事门店停业自查整改，全体海底捞门店服从法律法规整改，每项整改落实责任人。

二、讨论分析

从食品安全风险交流的角度看，此次海底捞公司进行了一次较为成功的食品安全危机交流工作。第一，声明及时。海底捞公司在事件被报道后的数小时内，就着手主动发布公告，承认媒体报道的事实，主动承认错误。这份声明在一定程度上为企业争取了主动权，体现了"及时性"原则在风险交流中的重要性。第二，态度诚恳。海底捞公司主动积极配合政府的监管调查，承诺公布调查和处理结果，符合风险交流公开的要求。第三，措施有效。随着海底捞公司发布公告、立即整改等积极动作，争取了部分消费者的谅解，遏制了事态的继续恶化，使得此次食品安全事件并没有持续发酵，这既得力于企业本身良好的形象，同时也证明了风险交流工作的重要性。

附录一 常见食品安全事故化学物质快检方法

一、有机磷类和氨基甲酸酯类农药

（一）检测背景

有机磷类和氨基甲酸酯类农药常用作农作物的杀虫剂、除草剂、杀菌剂等。有机磷类和氨基甲酸酯类农药可经呼吸道、消化道侵入机体，也可经皮肤黏膜缓慢吸收，中毒症状为头昏、头痛、乏力、恶心、呕吐、流涎、多汗及瞳孔缩小等。大量经口中毒严重时，可发生肺水肿、脑水肿、昏迷和呼吸抑制等症状。

（二）适用范围

本方法适用于蔬菜尤其是叶类蔬菜中有机磷类和氨基甲酸酯类农药的快速定性检测。

（三）仪器材料

1. 仪器设备：常量天平；刀或剪刀；药勺或镊子；10mL 带盖瓶（或用试管＋橡皮塞代替）。可选配农药残留速测仪（即 37℃±2℃恒温反应装置）（以英思泰品牌为例）。

2. 材料（以广州天河品牌为例）：固化有胆碱酯酶和靛酚乙酸酯试剂的速测卡；pH7.5 缓冲溶液（可分别取 15.0g 磷酸氢二钠 [$Na_2HPO_4 \cdot 12H_2O$] 与 1.59g 无水磷酸二氢钾 [KH_2PO_4]，用 500mL 蒸馏水溶解）。

（四）技术参数

速测卡对部分常见有机磷类和氨基甲酸酯类农药的检测限见附表 1-1。

附表 1-1　部分常见有机磷类和氨基甲酸酯类农药的检测限

农药名称	检测限（mg/kg）	农药名称	检测限（mg/kg）
甲胺磷	1.7	呋喃丹	0.5
对硫磷	1.7	乙酰甲胺磷	3.5
水胺硫磷	3.1	敌敌畏	0.3

（续）

农药名称	检测限（mg/kg）	农药名称	检测限（mg/kg）
马拉硫磷	2.0	敌百虫	0.3
久效磷	2.5	乐果	1.3
丁硫克百威	1.0	甲萘威	2.5

（五）操作步骤

1. 整体测定法

（1）选取有代表性的蔬菜样品，擦去表面泥土，剪成 1cm 左右见方的碎片，取 5g 放入带盖瓶中，加入 10mL 缓冲液，振摇 50 次，静置 2min 以上。

（2）取一片速测卡，用白色药片蘸取提取液，放置 10min 以上进行预反应，有条件时在 37℃恒温装置中放置 10min。预反应后的药片表面必须保持湿润。

（3）将速测卡对折，用手捏 3min 或用恒温装置反应 3min，使红色药片与白色药片叠合反应。

（4）每批测定应设一个缓冲液的空白对照卡。

2. 表面测定法（粗筛法）

（1）擦去蔬菜表面泥土，滴加 3 滴缓冲液在蔬菜表面，用另一片蔬菜在滴液处轻轻摩擦。

（2）取一片速测卡，将蔬菜上的液滴滴在白色药片上。

（3）放置 10min 以上进行预反应，有条件时在 37℃恒温装置中放置 10min。预反应后的药片表面必须保持湿润。

（4）将速测卡对折，用手捏 3min 或用恒温装置反应 3min，使红色药片与白色药片叠合反应。

（5）每批测定应设一个缓冲液的空白对照卡。

具体操作步骤参考附图 1-1。

3. 农药中毒残留物的参考定性

取可疑中毒残留物适量，加 2 倍量的浸提液，过滤或离心机分离，取上清液测定。如用有机溶剂（如丙酮等）提取残留物，必须将有机溶剂挥发干后，再用浸提液溶解残渣后测定。有机溶剂对测定有一定干扰。

4. 判读：与空白对照卡比较

白色药片不变色或略有浅蓝色，检测结果为阳性。白色药片变为天蓝色

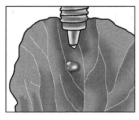
（a）滴加缓冲液

（b）叶子翻折摩擦

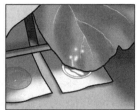
（c）滴到速测卡白色药片

（d）放入恒温装置

（e）计时3min

（f）结果判读

附图 1-1　有机磷类和氨基甲酸酯类农药残留测定

或与空白对照卡相同，检测结果为阴性。

（六）法规标准

食品中有机磷类和氨基甲酸酯类农药最大残留限量值参考 GB 2763—2014《食品中农药最大残留限量》。其中，部分高毒、高残留的有机磷类和氨基甲酸酯类农药在部分蔬菜和水果中禁用。

（七）注意事项

1. 葱、蒜、萝卜、韭菜、芹菜、香菜、茭白、蘑菇及番茄汁液中，含有对酶有影响的植物次生物质，容易产生假阳性。处理这类样品时，不要剪得太碎，可采取整株（体）蔬菜浸提或采用表面测定法。

2. 对一些含叶绿素较高的蔬菜，也不要剪得太碎，同样可采取整株（体）蔬菜浸提的方法，减少色素的干扰。

3. 当温度条件低于37℃，酶反应速度随之放慢，药片加液后放置反应的时间应相对延长，延长时间的确定应以空白对照卡用（体温）手指捏3min 时变蓝为宜。

4. 注意样品放置的时间应与空白对照卡放置的时间一致才有可比性。红色药片与白色药片叠合反应的时间以 3min 为准，3min 后蓝色会逐渐加深，24h 后颜色会逐渐退去。

5. 空白对照卡不变色的原因：一是药片表面缓冲溶液加少了，预反应后的药片表面不够湿润；二是温度太低。

6. 如果蔬菜在种植过程中使用了混配农药，在检测中发现的有机磷类和氨基甲酸酯类农药残留超标并不代表其中每一种农药均超标，有可能每一种农药均不超标而只是各种农药累加后超标。对阳性结果的样品，可用其他分析方法进一步确定具体农药品种和含量。

7. 水果中有机磷类和氨基甲酸酯类农药残留检测可以参考本方法。

二、亚硝酸盐

（一）检测背景

亚硝酸盐主要指亚硝酸钠，为白色至淡黄色粉末或颗粒状，味微咸，易溶于水。外观及滋味都与食盐相似，并在工业、建筑业中广为使用。肉类制品允许作为发色剂限量使用。某些食品加工过程也会自然产生亚硝酸盐。

亚硝酸盐毒性较强，其外表呈粉末状，与食盐相似，易引起误食中毒。误食纯品 0.3g 就可在 10min 内引起急性中毒。食用变质蔬菜引起的急性亚硝酸盐中毒可在 1～3h 内表现症状。亚硝酸盐能使血液中正常携氧的低铁血红蛋白氧化成高铁血红蛋白，因而失去携氧能力而引起组织缺氧产生中毒症状，特征性表现为口唇、指甲、全身皮肤、黏膜发绀等，严重者出现烦躁不安、精神萎靡、意识丧失、惊厥、昏迷、呼吸衰竭甚至死亡。

（二）适用范围

本方法适用于肉制品、肉类罐头、蔬菜、酱腌菜、鲜肉类、鲜鱼类、食用盐、饮料等食品中亚硝酸盐半定量测定。

（三）仪器材料

亚硝酸盐检测试剂盒（以北京中卫品牌为例）。另外，根据样品属性可配常量天平、微型离心机、小型粉碎机等。

（四）技术参数

检测限：待测液 0.025mg/kg。

（五）操作步骤

1. 食盐样品测定

（1）用袋内附带小勺取食盐 1 平勺，加入检测管中，加入蒸馏水或纯净水至 1mL 刻度处，盖上盖，将固体部分摇溶。

（2）10min 后与标准色板对比，该色板上的数值乘以 10 即为食盐中亚硝酸盐的含量（mg/kg）。当样品出现血红色且有沉淀产生或很快褪色变成黄色时，可判定亚硝酸盐含量相当高，或样品本身就是亚硝酸盐。

2. 液体样品测定

（1）直接取澄清液体样品 1mL 到检测管中，盖上盖，将试剂摇溶。

（2）10min 后与标准色板对比，找出与检测管中溶液颜色相同的色阶，该色阶上的数值即为样品中亚硝酸盐的含量（mg/L，以 $NaNO_2$ 计）。

3. 固体或半固体样品测定

（1）取粉碎均匀的样品 1.0g 或 1.0mL 至 10mL 比色管中，加蒸馏水或纯净水至刻度，充分振摇后放置，取上清液（或过滤或离心得到的上清液）加入检测管中至 1.0mL 刻度，盖上盖，将试剂摇溶。

（2）10min 后与标准色板对比，该色板上的数值乘以 10 即为样品中亚硝酸盐的含量（mg/kg 或 mg/L，以 $NaNO_2$ 计）。如果测试结果超出色板上的最高值，可定量稀释后测定。

4. 判读

将样品显色结果与标准色板相比较，判断样品中亚硝酸盐的含量。

具体操作步骤参考附图 1-2。

 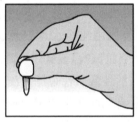 

（a）加入样品　　　　　（b）充分振荡　　　　　（c）读取结果

附图 1-2　亚硝酸盐测定

（六）法规标准

我国对部分食品中亚硝酸盐的限量标准规定见附表 1-2。

附表 1-2　部分食品中亚硝酸盐的限量标准

食品	限量（mg/kg）	食品	限量（mg/kg）
腌渍蔬菜	20	腌腊肉制品类	30
生乳	0.4	酱卤肉制品类	30
乳粉	2.0	熏、烧、烤肉类	30

（续）

食品	限量（mg/kg）	食品	限量（mg/kg）
包装饮用水（矿泉水除外）	0.005mg/L	油炸肉类	30
矿泉水	0.1mg/L	肉灌肠类	30
婴儿配方食品	2.0ᵃ（以粉状产品计）	发酵肉制品类	30
较大婴儿和幼儿配方食品	2.0ᵇ	肉罐头类	50
特殊医学用途婴儿配方食品	4.0ᵇ	西式火腿类	70
食盐	≤2		

注：①上述限量值的评价标准来自 GB 2721—2015《食用盐卫生标准》、GB 2760—2014《食品添加剂使用标准》、GB 2762—2017《食品中污染物限量》、GB 10770—2010《婴幼儿罐装辅助食品》。

②亚硝酸盐含量以 $NaNO_2$ 计。

③a. 仅适用于乳基产品；b. 不适用于添加豆类的产品。

（七）注意事项

1. 在生活饮用水的限量卫生标准中，仅有硝酸盐的限定量≤20mg/L，无亚硝酸盐的指标。当某些还原物质以离子形态存在较多时，可将硝酸根离子还原成亚硝酸根离子，某些细菌也有这种作用。所以，生活饮用水中常含有亚硝酸盐，不能作为测定用稀释液。

2. 牛乳及豆浆也可直接检测，结果不得超过 0.25mg/L；矿泉水、瓶（桶）装饮用水、瓶（桶）装饮用纯净水达到色板上最低色阶 0.025mg/L，即超出国家标准限量（须做空白试验）。

3. 有颜色的样品可加入活性炭脱色过滤后测定。

4. 若显色后颜色很深且有沉淀产生或很快褪色变成浅黄色，说明样品中亚硝酸盐含量很高，须加大稀释倍数重新试验，否则会得出错误结论。

三、甲醇

（一）检测背景

甲醇和乙醇在色泽与味觉上没有差异，酒中微量甲醇可引起人体慢性损害，高剂量时可引起人体急性中毒。卫生部 2004 年第 5 号公告中指出："摄入甲醇 5～10mL 可引起中毒，30mL 可致死。"目前，采用含有甲醇的工业酒精勾兑白酒仍时有发生。

（二）适用范围

适用于蒸馏酒或配制酒中甲醇含量超过 1‰～2‰时的定量快速测定。

（三）仪器材料

1. 仪器：旋光光度计（以中卫牌为例）；酒精度计；量筒；滴管。

2. 材料：蒸馏水；乙醇对照液（将无水乙醇放置在 20℃ 环境温度中，并使其液体温度与环境温度达到一致，取一定量无水乙醇到 100mL 容量瓶中，加蒸馏水或纯净水到刻度）。

（四）技术参数

检测限：1‰甲醇含量。

（五）操作步骤

1. 在环境温度 20℃ 时操作方法

（1）掀开旋光光度计盖板，用擦镜纸小心拭净棱镜表面，在棱镜上滴放 5～7 滴蒸馏水，徐徐合上盖板，使试液遍布于棱镜表面（不应有气泡存在，但也不能用手压盖板）。

（2）手持镜筒部位（不要接触棱镜座）。将盖板对向光源或明亮处，眼睛对准目镜，转动视度调节圈，使视场的分界线清晰可见。

（3）用螺丝刀拧动仪器上的校准螺丝，调节仪器使视场中的明暗分界线对正刻线 0 处，掀开盖板，用擦镜纸擦干棱镜。

（4）取酒样 5～7 滴放在检测棱镜面上，徐徐合上盖板，以下操作与（2）相同。视场明暗分界线处所示读数，即为旋光光度计测出的醇含量（‰）。重复操作几次，使读数稳定。

（5）用酒精度计（读数精确到 1‰的玻璃浮计）测定样品中的酒精度（‰，乙醇含量）。即取 1 个洁净的 100mL 的量筒或透明的管筒，慢慢地倒入酒样至容器 2/3 处。等液体无气泡时，慢慢放入酒精度计（酒精度计不得与容器壁、底接触），用手轻按酒精度计上方，使酒精度计在所测刻线上下三个分度内移动，稳定后读取弯月面下酒精度示值，即为酒精度测出的醇含量（‰）

2. 在环境温度非 20℃ 时操作方法

（1）用酒精度计（玻璃浮计）测试样品的酒精度数。

（2）再用酒精度计（玻璃浮计）选取一个与样品酒精度数相同或低于 1 度以内的乙醇对照溶液，然后用旋光光度计分别测试样品和对照液的醇含量。

3. 结果计算

（1）环境温度 20℃ 时的甲醇含量。

甲醇含量（‰）＝酒精度计测出的醇含量（‰）－旋光光度计测出的醇含量（‰）

（2）环境温度非 20℃时的甲醇含量。如果样品与对照液在旋光光度计上的读数一致或乙醇对照溶液的读数比样品低1度，可确定用旋光光度计未检出样品中有甲醇；如果样品的读数低于乙醇对照溶液的读数在1度以上时（0～60％）或2度以上时（60％～80％），所低于的度数即为样品中甲醇的含量（％）。

具体操作步骤参考附图 1-3。

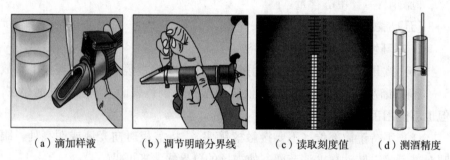

（a）滴加样液　　　　（b）调节明暗分界线　　　　（c）读取刻度值　　　（d）测酒精度

附图 1-3　甲醇测定

（六）法规标准

GB 2757—2012《蒸馏酒及其配置酒》中规定了甲醇限量要求。具体规定见附表 1-3。

附表 1-3　我国蒸馏酒及其配置酒中甲醇限量标准

类别	甲醇限量（g/L）	参考标准
粮谷类	≤0.6	GB 2757—2012
其他类	≤2.0	

注：甲醇指标按 100％酒精度折算。

（七）注意事项

1. 在仪器视场分界线中，有时会出现蓝色和绿色两条分界线，应以蓝色分界线为准。

2. 事先用无水乙醇配制出 36％、38％、40％、42％、44％、46％、48％、50％、52％、54％、56％、58％、60％、62％、64％、66％乙醇对照液各 100mL，贮存备用。

3. 新配制的乙醇对照液（尤其是高浓度对照液）中，会含有大量微细气泡，溶液放置一段时间可达到稳定状态。

四、瘦肉精

(一) 检测背景

"瘦肉精"是 β-受体激动剂的俗称，因能够促进动物瘦肉生长并抑制脂肪生长而得名，主要包括盐酸克伦特罗、莱克多巴胺、沙丁胺醇、西马特罗等。由于使用"瘦肉精"会在动物产品中残留，过多摄入含有"瘦肉精"的肉品具有健康风险甚至导致急性食品安全事故，因此，我国明令禁止在饲喂畜禽动物时添加"瘦肉精"。

(二) 适用范围

本方法适用于畜禽肉、内脏或尿液中的"瘦肉精"残留的快速定性检测。

(三) 仪器材料

1. "瘦肉精"胶体金试剂盒（以绿邦品牌为例）：包括胶体金试剂板、一次性吸管、一次性 5mL 离心管、一次性 1.5mL 离心管。

2. 材料：剪刀、镊子、PBST 缓冲液、水浴锅、计时器、常量天平。

(四) 技术参数

检测限分别为：盐酸克伦特罗 $3\mu g/kg$；莱克多巴胺 $5\mu g/kg$；沙丁胺醇 $5\mu g/kg$。

(五) 操作步骤

1. 测试前将未开封的检测板包装袋恢复至室温。

2. 将精肉或内脏样本约 4g 以上剪碎（越细越好），装入 5mL 的离心管中（以装入离心管 3/4 为宜），拧紧管盖（防止下步水浴过程中水蒸气进入离心管内）。

3. 将装有样本的离心管，盖朝上在水浴锅的沸水中加热 10min 后取出（样品一定要熟透），冷却至室温。

4. 打开检测板包装袋，取出封装有 PBST 缓冲液的一次性吸管，剪去封口（剪时尽量靠近封口），挤出 3 滴（约 $100\mu L$）缓冲液滴加入 1.5mL 的离心管中，然后甩净吸管内的残留缓冲液。

5. 用此吸管吸取大离心管中的样品渗出液，加 3 滴（约 $100\mu L$）至已加缓冲液的 1.5mL 离心管中，反复抽吸几次，使渗出液与缓冲液充分混匀。

6. 取出检测板平放于台面上，用一次性吸管吸取 1.5mL 离心管中混合液，垂直滴加 3 滴（约 $100\mu L$）于加样孔中并开始计时（加样时应注意滴加速度，宜缓慢滴加）。

7. 检测结果在 5～8min 内读取。

8. 判读

（1）阴性：C线显色，T线显色且与C线颜色深浅一致，表示样品中药物浓度低于检测限或不含某种药物。

（2）阳性：C线显色，T线不显色或显色较C线浅，表示样品中药物浓度高于检测限；T线比C线越浅，表示样品中药物浓度越高。

（3）无效：C线不显色，无论T线是否显色，该测试均判为无效。

具体操作步骤参考附图1-4。

（a）加入肉样称量

（b）肉样水浴加热

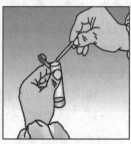
（c）吸取肉样渗出液

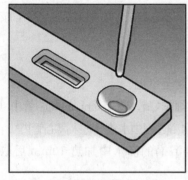
（d）吸取混合液至胶体金加样孔

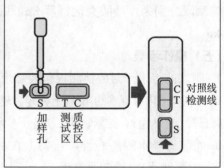
（e）样液层析并读取结果

附图1-4　"瘦肉精"测定

（六）法规标准

"瘦肉精"已被我国纳入食品中可能违法添加的非食用物质和易滥用食品添加剂名单，不得使用。在动物饲料中添加"瘦肉精"的行为，属于犯罪行为。

（七）注意事项

1. 从原包装袋中取出的检测板，打开后务必在1h内尽快使用。

2. 不要触摸试剂板中央的白色膜面。

3. 水浴时应盖紧离心管帽，防止水汽进入影响结果。

4. 如果尿样出现沉淀或浑浊物，请离心后再检测。

五、可疑食品中鼠药（毒鼠强）

（一）背景

毒鼠强又名没鼠命、三步倒、四二四等。轻质粉末。熔点 250～254℃。在水中溶解度约 0.25mg/mL，在丙酮、乙酸乙酯、苯中的溶解度大于水，溶于二甲亚砜。可经消化道及呼吸道吸收，不易经完整的皮肤吸收。哺乳动物口服最低致死剂量为 0.10mg/kg。口服 6～12mg 即为人的致死量，剂量大时，3min 即可致死。

（二）适用范围

本方法适用于餐厅、饭店、食堂与个体摊点等场所生产、加工和销售直接入口食品的可疑食品中鼠药（毒鼠强）的快速筛查。

（三）试剂、仪器配备

1. 毒鼠强速测液法

（1）试剂：毒鼠强显色剂（含有稳定剂的二羟基萘二磺酸）、毒鼠强检测试剂（60％硫酸）、乙酸乙酯。

（2）仪器：滤纸、恒温水浴锅（用于有色液体样品和固体样品）、比色管、烧杯、漏斗。

2. 毒鼠强速测管法

仅适用于饮用水、无色液体样品中毒鼠强的快速筛查。

（1）试剂：毒鼠强显色剂（含有稳定剂的二羟基萘二磺酸）、毒鼠强检测试剂（优级纯硫酸催化剂）。

（2）仪器：检测用的速测管（透明小试管）。

（四）操作方法

1. 毒鼠强速测液法

（1）前处理。

①无色液体（饮用水等）：样品不需处理，直接进入样品测定。

②液体样品（牛奶、豆浆等）：取 1～3mL 放入比色管中，加入 5mL 乙酸乙酯，上下振摇 50 次以上，静置后取上清液测定。

③固体（粮食、面粉、毒饵等）或半固体（呕吐物、胃内容物、剩余饭菜等）样品：取 1～3g 放入比色管中，加入 5mL 乙酸乙酯，充分振摇，静置后用滤纸过滤，取澄清液测定。

（2）测定。取处理后的样品上清液或滤液 2mL 以上于 10mL 比色管中，在 85℃±5℃的水浴中加热挥干乙酸乙酯，放至室温后，向试管中加入 2 滴毒鼠强显色剂（饮用水、无色溶液样品可直接取 2mL 放入 10mL 比色管中，加入 2 滴毒鼠强显色剂），加入 5mL（约 115 滴）毒鼠强检测试剂，轻轻摇动后，将试管放入水浴中，加热 3～5min 取出，观察颜色变化。同时做空白和阳性对照试验。

2. 毒鼠强速测管法

取 5 滴（约 0.15mL）样品到速测管中，加入 1 滴毒鼠强显色剂，小心加入 15 滴毒鼠强检测试剂，样品中含有毒鼠强时，试管底部出现淡紫色，随着毒鼠强浓度的增加，紫色加深。同时用纯净水做阴性空白对照试验。有条件时可用毒鼠强对照液做阳性对照试验。

（五）判定标准

1. 毒鼠强速测液法

溶液颜色变为淡紫红色为毒鼠强阳性反应，随着毒鼠强浓度的增加，紫色加深（附图 1-5）。

彩图 1

附图 1-5　毒鼠强速测液法

2. 毒鼠强速测管法

样品中含有毒鼠强时，试管底部出现淡紫色，随着毒鼠强浓度的增加，紫色加深（附图 1-6）。

彩图 2

附图 1-6　毒鼠强速测管法

（六）注意事项

1. 空白对照试验，是取与检样相同（不含毒鼠强）的物质与检样同时操作，以便观察对比。对于呕吐物、胃内容物等样品，一定要加阳性对照试验。

2. 有些样品的提取液带有较深的颜色，应加大提取液的用量，在提取液中加少量活性炭，或中性氧化铝，振摇脱色，过滤后待滤液挥干测定。经过脱色的样品，毒鼠强会有一些损失，一般在30%～40%。

3. 本方法为快速筛选方法，工作中可根据实际情况加大样品和乙酸乙酯用量。提取后的乙酸乙酯应尽量少含水分（一是不易挥干，二是水分中可能会含有糖、纤维素等成分，干扰测定），如果水分多，可加入无水硫酸钠进行脱水后过滤，并将乙酸乙酯挥干后测定。

4. 本方法不适于血液和组织器官样品的测定。

5. 醛类物质对测定有干扰。排除方法：液体样品加热煮沸2min，固体样品置90℃烘箱加热30min后再测定。某些固体样品即使加热也难以将醛类物质清除，如花生皮、胡椒、芝麻等。

6. 毒鼠强的检测目前无国家标准分析方法，对重要案件的处理要慎重，应采用气相或液相色谱做进一步对照确定。对于中毒案件，可结合中毒者的中毒症状做出参考。

7. 毒鼠强显色剂有效期1年，阳性对照试验无反应时不可再用。

六、食用油中非食用油（桐油）

（一）背景

桐油是从桐树果实中提出来的油，是一种快干性油，具有良好的防水性，广泛用于工业作为油漆及涂料。生桐油色、味与一般食用油相似，故常有误食而中毒。食用油中如掺有桐油，常采用三氯化锑法进行检验。

（二）适用范围

本方法适用于食用油中污染、掺入及中毒残留油中桐油的快速检测。

（三）操作步骤

取油样1mL于小试管中，沿管壁小心加入桐油鉴别试剂A 1mL（三氯化锑-三氯甲烷10g/L），使试管中溶液分为两层，将试管置于35～45℃温水中（温度不宜过高），加热约10min。

（四）结果判定

如有桐油存在，在溶液分层的界面上，会出现紫红色至深咖啡色的环，当加热时间延长，颜色会加深，更易观察。

（五）注意事项

本法对菜油、花生油、茶籽油中混杂桐油的检测很灵敏（可达 0.5％），但豆油、棉籽油的存在会有干扰。

附录二 食品安全事故应急处置常用统计报表

一、群体性食源性疾病样品采集记录表

附表 2-1 群体性食源性疾病生物标本采样记录

（编号：　　　）

编号	采样对象	采样地点	样本名称	数量	样本状态	拟检内容

采样单位		采样人	
采样日期			

附表 2-2 群体性食源性疾病食品样品采样记录

（编号：　　　）

被采样单位		联系人	
采样地点		联系电话	

编号	名称	商标	产地	规格	批号/编号	数量	状态	贮存状况

拟检内容			
采样单位		采样人	
采样日期		被采样单位确认	

附表 2-3 群体性食源性疾病环境样品采样记录

（编号：　　　）

编号	样本名称	采样地点	数量	样本状态	拟检内容	备注

采样单位		采样人	
采样日期		被采样单位确认	

二、群体性食源性疾病现场流行病学调查信息汇总表

附表 2-4　群体性食源性疾病调查病例临床信息一览表

单位名称：　　　　　　　　　　　　　　　　　　　　　部门/机构/班级：

编号	姓名	性别	年龄	进餐时间	发病时间	体温(℃)*	恶心	呕吐次数*	腹痛部位				腹痛性质			腹泻物性状					里急后重	头痛	头晕	乏力	临床样本名称	检验结果	备注
									胃内容物带血	上腹	下腹	脐周	隐痛	绞痛	阵发痛	次数*	稀便	水样便	黏液便	脓血便							

注：此表在人数较多时使用，*填写具体数值，有症状在空格内打√或填写具体描述，无症状在空格内打×。此表中的进餐时间同应填写最近餐次或可疑餐次时间（具体到时）

调查人员签名：　　　　　　　　　　　　　　　　　　　调查日期：　　　年　　月　　日

附表 2－5　群体性食源性疾病调查病例食品暴露信息一览表

单位名称：　　　　　　　　　　　　　　　　　　　　　　　　　　　　　　　　　　　部门/机构/班级：

编号	姓名	年龄	性别	进餐时间	是否发病	是否食用以下食品（进食打√、未进食打×）									
						食品 1	食品 2	食品 3	食品 4	食品 5	食品 6	食品 7	食品 8	食品 9	…

注：应与询问记录一起使用，并根据询问调查的结果按制定的病例定义判定发病情况，在"是否发病"一栏内按以下规则填写：如疑似病例填 1，可能病例填 2，确诊病例填 3，非病例填 0。

调查人员签名：　　　　　　　　　　　　　　　　　　　　　　　调查日期：　　　年　　月　　日

附录三 食品安全事故常见致病因子的临床表现、潜伏期及生物标本采集要求

致病因子	主要临床表现	潜伏期	生物标本	送样保存条件（24h内）
	主要或最初症状为上消化道症状（恶心、呕吐）			
亚硝酸盐	口唇、耳郭、舌及指（趾）甲、皮肤黏膜等出现不同程度发绀，可伴有头晕、头痛、乏力、恶心、呕吐；中毒明显者可出现心悸、胸闷、呼吸困难、视物模糊等症状；严重者可出现嗜睡、血压下降、心律失常、甚至休克、昏迷、抽搐、呼吸衰竭	一般为 10～20min，由腌制不当或变质蔬菜引起的中毒一般为 1～3h，最长可达 20h	血液	必须立即采样，若现场不能检验，可带回实验室测定，采样量约 10mL、抗凝剂以肝素为佳，禁用草酸盐，应冷藏保存，如长时间运输，可冷冻
			呕吐物 胃内容物	采样量 50～100g，使用具塞玻璃瓶或聚乙烯瓶密闭盛放，应冷藏保存，如长时间运输，可冷冻
			尿液	采样量 300～500mL，使用具塞玻璃瓶或聚乙烯瓶盛放，应冷藏保存，如长时间运输，可冷冻

食品安全事故常见致病因子的临床表现、潜伏期及生物标本采集要求

（续）

潜伏期	主要临床表现	致病因子	生物标本	送样保存条件（24h内）
1～6h （平均2～4h）	恶心、剧烈地反复呕吐、腹痛、腹泻	金黄色葡萄球菌及其肠毒素	粪便或肛拭子	新鲜粪便5g, 置于无菌、干燥、防漏的容器内。或采样拭子沾满粪便插入Cary-Blair运送培养基①, 冷藏运送至实验室
			呕吐物	采取呕吐物置无菌采样瓶采样袋密封送检, 冷藏运送至实验室
			皮肤病变拭子、鼻拭子	采样拭子插入Cary-Blair运送培养基内保存, 冷藏运送至实验室
0.5～5h	以恶心、呕吐为主, 并有头晕、四肢无力	蜡样芽孢杆菌（呕吐型）	粪便或肛拭子	新鲜粪便5g, 置于无菌、干燥、防漏的容器内。或采用采样拭子沾满粪便插入Cary-Blair运送培养基内保存, 冷藏运送至实验室
4～24h	恶心、呕吐、轻微腹泻、头晕、全身无力, 严重者出现黄疸、肝大、皮下出血、血尿、少尿、意识不清、烦躁不安、惊厥、抽搐、休克; 一般无发热	椰毒假单胞菌酵米面亚种（米酵菌酸）	粪便或肛拭子	新鲜粪便5g, 置于无菌、干燥、防漏的容器内。或采用采样拭子沾满粪便插入Cary-Blair运送培养基内保存, 冷藏运送至实验室
			呕吐物	采取呕吐物置无菌采样瓶采样袋密封送检, 冷藏运送至实验室
12～48h （中位36h）	恶心、呕吐、水样无血腹泻、脱水	诺如病毒	粪便或肛拭子、呕吐物	新鲜粪便10g (10mL) 或呕吐物, 置于无菌、干燥、防漏的容器内。冷藏运送至实验室。肛拭子置于2mL病毒保存液中。冷冻或冷藏保存运送至实验室

（续）

潜伏期	主要临床表现	致病因子	生物标本	送样保存条件（24h内）
0.5～12h	头痛、恶心、呕吐、腹部不适、皮肤潮红、皮肩甚至皮肤脱落等	维生素A（动物肝脏）		
咽喉肿痛和呼吸道症状				
12～72h	咽喉肿痛、发热、恶心、呕吐、流涕、偶有皮疹	溶血性链球菌	咽拭子	采集咽拭子，尽快划线接种血平板，或将拭子插入Stuart运送培养基②中，冷藏运送至实验室
主要或最初症状为下消化道症状（腹痛、腹泻）				
2～36h（平均6～12h）	腹痛、腹泻，有时伴有恶心和呕吐	产气荚膜梭菌、蜡样芽孢杆菌（腹泻型）	粪便或肛拭子	新鲜粪便5g置于无菌、干燥、防漏的容器内。或用采样拭子沾满粪便插入Cary-Blair运送培养基内保存，冷藏运送至实验室
5～18h	腹痛、急性腹泻，可伴有恶心、呕吐、头痛、发热	变形杆菌	粪便或肛拭子	新鲜粪便5g，置于无菌、干燥、防漏的容器内。或用采样拭子沾满粪便插入Cary-Blair运送培养基内保存、冷藏运送至实验室
			呕吐物	取呕吐物置于无菌采样瓶或采样袋密封送检、冷藏运送至实验室
			血清	血清2～3mL，冷藏或冷冻保存，避免反复冻融

食品安全事故常见致病因子的临床表现、潜伏期及生物标本采集要求

（续）

潜伏期	主要临床表现	致病因子	生物标本	送样保存条件（24h内）
6~96h（通常1~3d）	发热、腹部绞痛、腹泻、呕吐、头痛	沙门菌、志贺菌、嗜水气单胞菌、致泻性大肠杆菌	粪便或肛拭子	新鲜粪便5g，置于无菌、干燥、防漏的容器内。或用采样拭子沾满粪便插入Cary-Blair运送培养基内保存，冷藏运送至实验室
7~20h	腹痛、恶心、呕吐、水样便、继发性败血症和脑膜炎、脓血便性腹泻	类志贺邻单胞菌		
6h~5d	腹痛、腹泻、呕吐、发热、乏力、恶心、头痛、脱水、有时有带血或黏液样腹泻、带有创伤弧菌的皮肤病灶	创伤弧菌、河弧菌、副溶血性弧菌等弧菌属细菌	粪便或肛拭子	
1~10d（中位数3~4d）	腹泻（通常带血）、腹痛、恶心、呕吐、乏力、发热	肠出血性大肠杆菌、弯曲菌		
3~7d	发热、腹泻、腹痛、伴急性阑尾炎症状	小肠结肠炎耶尔森菌		
1~3d	发热、恶心、呕吐、腹痛、水样便	轮状病毒、星状病毒、肠道腺病毒	粪便或肛拭子、呕吐物	新鲜粪便10g（10mL）或呕吐物，置于无菌、干燥、防漏的容器内。肛拭子置于2mL病毒保存液中。冷冻或冷藏保存运送至实验室
1~6周	黏液性腹泻（脂肪样便）、腹痛、腹胀、体重减轻	蓝氏贾第鞭毛虫	粪便	滋养体检验：干燥洁净容器常温保存，尽快、短程运送样品；包囊检验：干燥洁净容器4℃保存，当天或次日送达
8~24h（腹泻型）2~6周（侵袭型）	腹泻型：腹泻、腹痛、发热；侵袭性：初起胃肠炎症状、败血症、脑膜炎、脑脊髓炎、发热等	单增李斯特菌	粪便或肛拭子脑脊液血液	新鲜粪便5g，置于无菌、干燥、防漏的容器内。或用采样拭子沾满粪便插入Cary-Blair运送培养基内保存，冷藏运送至实验室2~5mL，床旁接种于血培养瓶

（续）

潜伏期	主要临床表现	致病因子	生物标本	送样保存条件（24h内）
1d至数周	腹痛、腹泻、头痛、便秘、溃疡，症状轻重不一，有时无症状	溶组织阿米巴	粪便	新鲜无尿液混杂的粪便，保温，室温下30min内检查
3～6月	情绪不安、失眠、饥饿、食欲不振，体重减轻、腹痛，可伴有肠胃炎	牛带绦虫、猪带绦虫	粪便	新鲜无尿液混杂的粪便，干燥洁净容器保存，当天送检可常温保存，次日送检需4℃保存，不能冷冻

神经系统症状（视觉障碍、眩晕、刺痛、麻痹）

潜伏期	主要临床表现	致病因子	生物标本	送样保存条件（24h内）
10min～2h（一般在30min内）	头晕、头痛、乏力、恶心、呕吐、多汗，胸闷、视物模糊、瞳孔缩小等；中毒明显者可出现肌束震颤等烟碱样表现；严重者可表现为肺水肿，昏迷、呼吸衰竭、脑水肿	有机磷酸酯类杀虫剂	尿液	采样量300～500mL，使用具塞玻璃瓶或聚乙烯瓶盛放
			血液	5～10mL，使用具塞的肝素抗凝试管盛放，干燥洁净容器冷藏保存，如长时间运输可冷冻（保持样品不变质）
10min～6h（神经精神型、胃肠炎型）	神经精神型：恶心、呕吐、腹痛、腹泻，瞳孔缩小、多汗、流涎、流泪、兴奋、幻觉、步态蹒跚、心动过缓等；严重者可出现呼吸困难、昏迷等，并可伴有谵妄、被害妄想，攻击行为等精神症状，胃肠炎型：无力、恶心、呕吐、腹痛、水样泻等	鹅膏属的有毒蘑菇	呕吐物洗胃液	干燥洁净容器冷藏保存，如长时间运输，可冷冻

（续）

潜伏期	主要临床表现	致病因子	生物标本	送样保存条件（24h内）
6～24h（肝脏损害型，少数在0.5h内发病）	肝脏损害型：早期可有恶心、呕吐、腹泻等。多数中毒者经1～2d的"假愈期"后，谷丙转氨酶升高，再次出现恶心、呕吐、腹部不适、食欲缺乏，并有肝区疼痛、肝肿大、黄疸、出血倾向等。少数可出现肝性脑病、呼吸衰竭、循环衰竭。少数病例可有心律失常、少尿、尿闭等	鹅膏属的有毒蘑菇	呕吐物、洗胃液	干燥洁净容器冷藏保存，如长时间运输，可冷冻
10min～3h	早期表现为手指和胸趾端感觉麻痛或麻木，口唇、舌尖以及肢端感觉麻木，严重时出现运动神经瘫痪、四肢瘫痪，共济失调，言语不清，失声，呼吸困难，循环衰竭、呼吸麻痹，还可有恶心、呕吐、腹痛、腹泻，血压下降、心律失常等	河豚毒素		
30min～3h	表现为副交感神经抑制和中枢神经兴奋症状，如口干、吞咽困难、声音嘶哑、皮肤干燥、潮红、发热、心动过速、呼吸加深、血压升高、头痛、头晕、烦躁不安、谵妄、幻听、幻视、神志模糊、哭笑无常、便秘、瞳孔散大、肌肉抽搐、共济失调或出现阵发性抽搐等，严重患者可昏迷、甚至死亡	曼陀罗（莨菪碱）		

（续）

潜伏期	主要临床表现	致病因子	生物标本	送样保存条件（24h 内）
初期：30min 至数小时；后期（病重期）：1～2周	初期：恶心、呕吐、腹痛、腹泻、食欲不振、流涎、口内金属味、头痛、头晕、失眠、乏力、多汗；全身乏力，可发热；四肢发麻、持物不稳、行走困难、下运动神经元障碍（软瘫），或上运动神经元障碍（硬瘫）；多语、遗忘、幻觉等精神症状；不同程度意识障碍、抽搐。还可出现共济失调等小脑症状、以及视神经萎缩，向心性视野缩小、咀嚼无力、张口困难等多发性脑神经障碍等。同时还可伴有不同程度的肾脏、心脏、肝脏及皮肤损害等	有机采化合物	尿液 血液 头发	干燥洁净容器（PVC 塑料容器）冷藏保存，如长时间运输，可冷冻（保持样品不变质）
1～6h	刺痛和麻木、肠胃炎、温度感觉异常、头晕、口干、肌肉痛、瞳孔散大、视物模糊、视物倒错、手足麻木、口周感觉异常、冷热感觉倒错	雪卡毒素	血液	采样量≥10mL，使用具塞的抗凝试管盛放，干燥洁净容器冷藏保存，如长时间运输，可冷冻（保持样品不变质）
12～24h（少数长达 48～72h，口服纯甲醇中毒最短仅 40min，同时饮酒或摄入乙醇潜伏期可延长）	轻者可出现头痛、头晕、乏力、视物模糊等症状；较重者可表现为轻至中度意识障碍，或视盘充血、视盘视网膜水肿或视野检查有中心或旁中心暗点，或轻度代谢性酸中毒；严重者则出现重度意识障碍或视力急剧下降，甚至失明或视神经萎缩，或严重代谢性酸中毒	甲醇	尿液	采样量≥50mL，使用具塞或加盖的塑料瓶，干燥洁净容器冷藏保存，如长时间运输，可冷冻（保持样品不变质）

食品安全事故常见致病因子的临床表现、潜伏期及生物标本采集要求

（续）

潜伏期	主要临床表现	致病因子	生物标本	送样保存条件（24h内）
1～7d	头晕、乏力、视物模糊、眼睑下垂、复视、咀嚼无力、张口困难、伸舌困难、咽喉阻塞感、饮水呛咳、吞咽困难、头颈无力	肉毒梭菌及其毒素	血清	采样量10mL，冷藏保存运送，如长时间运输，可冷冻
			粪便	采样量25g，或使用无菌水灌肠后收集15mL排泄物，冷藏保存运送
			呕吐物	采样量25g，冷藏保存运送
1～4d	主要侵犯中枢神经系统。急性中毒早期可仅有轻度神经系统症状或过度兴奋表现。不同的有机锡化合物还可引起不同的局部症状。如可引起眼、鼻、咽喉剌激症状、接触性皮炎。三丁基锡化合物引起灼伤等。三甲基锡中毒主要表现为记忆障碍、焦虑、忧郁、易激惹、定向障碍、食欲亢进、癫痫样发作等，以及眼球震颤、共济失调、还可伴有耳鸣、听力减退。三乙基锡、四乙基锡中毒、早期主要表现为头痛、头晕、乏力、出汗、恶心、呕吐、食欲减退、心动过缓。后期为持续性、可十分剧烈。部分病例伴有精神障碍。较重时可表现为心率明显减慢（<50次/min）、频繁呕吐、剧烈头痛、血压迅速升高等。严重者可突然昏迷、抽搐、呼吸停止	有机锡化合物	胃内容物 血 尿液	干燥洁净容器（最好用玻璃容器）冷藏保存，如长时间运输，可冷冻（保持样品不变质）

（续）

潜伏期	主要临床表现	致病因子	生物标本	送样保存条件（24h内）
过敏症状（面部红肿）				
10min～3h	头痛、头晕、恶心、呕吐、皮肤潮红、可有腹痛、腹泻、荨麻疹、四肢麻木等	组胺（鲭亚目鱼）	呕吐物	干燥洁净容器冷藏保存，如长时间运输，可冷冻（保持样品不变质）
15min～2h	口唇麻木、刺痛感、面红、头痛、恶心	谷氨酸钠（味精）		
出现全身感染的症状（发热、发冷、疲倦、虚脱、疼痛、肿胀、淋巴结）				
4～28d（平均9d）	肠胃炎、发热、眼睛周围水肿、出汗、肌肉痛、寒战、大汗、乏力、呼吸困难、心力衰竭	旋毛虫	血清或肌肉组织（活检）	干燥洁净容器保存，当天送检可常温保存，次日送检须4℃保存，不能冷冻
10～13d	发热、头痛、肌肉痛、皮疹	弓形虫	淋巴结活检术 血液	
胃肠道和/或神经系统症状				
数分钟至20min	唇、舌、指尖、腿、颈麻木、运动者失调，头痛、呕吐、呼吸困难、重症者呼吸肌麻痹死亡	麻痹性贝类中毒（PSP）		
数分钟至数小时	唇、舌、喉咙和手指麻木、肌肉痛、头痛、冷热感觉倒错、腹泻、呕吐	神经毒性贝类中毒（NSP）	呕吐物 胃内容物	干燥洁净容器冷藏保存，如长时间运输，可冷冻（保持样品不变质）
30min～3h	恶心、呕吐、腹泻、腹痛、寒战、头痛、发热	腹泻性贝类中毒（DSP）		
24～48h	呕吐、腹泻、腹痛、神志不清、失忆、失去方向感、惊厥、昏迷	失忆性贝类中毒（ASP）		

食品安全事故常见致病因子的临床表现、潜伏期及生物标本采集要求

（续）

潜伏期	主要临床表现	致病因子	生物标本	送样保存条件（24h内）
10～30min	头晕、头痛、乏力、视物模糊、恶心、流涎、多汗、瞳孔缩小等，少部分患者可出现面色苍白、上腹部不适、呕吐和胸闷，以及肌束颤动等。严重者可出现肺水肿、脑水肿等	氨基甲酸酯类杀虫剂	血液 呕吐物	干燥洁净容器冷藏保存，如长时间运输，可冷冻（保持样品不变质）
最短15min，平均1～2h，最长4～5h	咽喉及食管烧灼感、腹痛、恶心、呕吐、腹泻呈米汤样或血样。严重者可致脱水、电解质紊乱、休克。 重度中毒者可有急性中毒性脑病表现，严重者尚可因中毒性心肌损害引起猝死，并可出现中毒性肝病 中毒后1～3周可发生迟发性神经病，表现为肢体麻木或针刺样感觉异常、肌力减弱等，之后尚可出现感觉减退、手足多汗、踝部水肿等痉挛疼痛，手足多汗、踝部水肿等 急性中毒一周后可出现糠秕样脱屑，色素沉着等皮肤改变。40～60d后指/趾甲可出现米氏线纹等	砷的化合物	血液 尿液 呕吐物	干燥洁净容器冷藏保存，如长时间运输，可冷冻（保持样品不变质）
最短15～30min，一般为1～3h	氟化钠：迅速出现剧烈恶心、呕吐、腹痛、腹泻等急性胃肠炎症状，吐泻物常为血性。严重者可发生脑、心、肾、肺等多脏器功能衰竭，甚至可在2～4h内死亡	氟的无机化合物	尿液 血液 呕吐物	干燥洁净容器冷藏保存，如长时间运输，可冷冻（保持样品不变质）

（续）

潜伏期	主要临床表现	致病因子	生物标本	送样保存条件（24h内）
最短 15～30min，一般为 1～3h	氟硅酸钠：恶心、呕吐，胃部烧灼感，腹痛，腹泻等症状，继而发生不同程度的胸闷、心悸、眩晕、气促等；中毒明显者口唇发绀，血压下降、上消化道出血；严重者可有肺、肝、肾脏器的损害，并可引起休克、多脏器功能衰竭和猝死	氟的无机化合物	尿液 血液 呕吐物	干燥洁净容器冷藏保存，如长时间运输，可冷冻（保持样品不变质）
最短 10～15min，一般 30min～2h，最长 4～7h	恶心、呕吐、头晕、腹痛、腹泻、无力、口干、流涎、可有发热、颜面潮红	霉变谷物中呕吐毒素		
多数 <30min（毒鼠强、毒鼠硅等）30min～2h（氟乙酰胺、氟乙酸钠及甘氟等）	头痛、头晕、恶心、呕吐、四肢无力等症状，可有局灶性癫痫样发作；重者癫痫样大发作，或精神神病样症状，如幻觉、妄想等；严重者癫痫持续状态，或合并其他脏器功能衰竭	致痉挛杀鼠剂（毒鼠强、氟乙酰胺、氟乙酸钠、毒鼠硅、甘氟等）	呕吐物 胃内容物	采样量 50～100g，使用具塞聚乙烯瓶或玻璃瓶瓶密闭盛放，加少量 100g/L氢氧化钠将氟化物加以固定，干燥洁净容器，如冷藏保存，可冷冻（保持样品不变质）
			血液	采样量≥10mL，使用具塞或加盖的塑料瓶，测定血浆中的毒鼠强血液采集后立即用 3000r/min 离心，移取上层血浆，干燥洁净容器冷藏保存，如长时间运输，可冷冻（保持样品不变质）

食品安全事故常见致病因子的临床表现、潜伏期及生物标本采集要求

（续）

潜伏期	主要临床表现	致病因子	生物标本	送样保存条件（24h内）
30min~2h	轻度：头晕、眼花、恶心、呕吐、腹痛、腹泻、疲乏无力、发热；重度：昏迷、嗜睡、眼球肿胀、震颤、痉挛、可因中枢神经麻痹而死亡	毒麦		
30min~4h	一般出现恶心、呕吐、腹泻、腹痛等，常伴有出汗、口干、手足麻木、全身乏力、抽搐，部分有发热。轻度：头晕、胸闷、头痛。重度：肝、肾、肺、心等脏器损害，可出现蛋白尿、血尿，血气分析异常；同质性肺水肿，肝、肺功能异常；心肌酶升高，心电图异常，可因心脏衰竭、心肌麻痹而死亡	桐油	呕吐物、胃内容物	采样量50~100g，使用具塞聚乙烯瓶密闭盛放，加少量100g/L氢氧化钠将氰化物加以固定，干燥洁净容器冷藏保存，如长时间运输，可冷冻（保持样品不变质）
30min~12h（一般1~2h）	一般在食后1~2h内出现症状，初觉苦涩、有流涎、恶心、呕吐、腹痛、腹泻、头痛、头晕、全身无力、呼吸困难、烦躁不安和恐惧感、心悸、严重者昏迷、意识丧失、发绀、瞳孔散大、惊厥、可因呼吸衰竭致死。部分患者还可出现肌肉弛缓无力、肢端麻木、触觉感觉迟钝等症状	氰苷（苦杏仁、木薯、桃仁）	尿液	采样量≥50mL，使用具塞或加盖的塑料瓶冷藏保存，如长时间运输，可冷冻

（续）

潜伏期	主要临床表现	致病因子	生物标本	送样保存条件（24h内）
1~4h，最长8~12h	轻度：头晕、口渴、咽干、口麻、恶心、呕吐、哭笑无常、心率、中度：多言、嗜睡、步态蹒跚、四肢麻木、视物不清、复视、瞳孔略大、重度：昏睡、瞳孔明显散大、可出现精神失常、幻觉、心率加快	大麻油		
1~12h（一般为2~4h）	咽喉部灼痛和烧灼感、头晕、乏力、严重者恶心、呕吐、上腹部疼痛、腹泻等、体温升高、脱水、烦躁不安、谵妄、昏迷、耳鸣、瞳孔散大、脉搏细弱、全身抽搐、可因呼吸麻痹而死	发芽马铃薯（龙葵素）	呕吐物、胃内容物	干燥洁净容器冷藏保存，如长时间运输，可冷冻（保持样品不变质）
2~4h	恶心、呕吐、腹痛、腹泻；部分可有头晕、头痛、胸闷、心悸、乏力、甚至电解质紊乱等	菜豆（皂苷、红细胞凝集素）		
2~8h	呕吐、头晕、视力障碍、眼球偏侧、阵发性抽搐（表现为四肢强直、屈曲、肉痉、手呈鸡爪状）、昏迷	变质甘蔗（节菱孢及3-硝基丙酸）	变质甘蔗	干燥洁净容器冷藏保存
24h内（多数1~3h），偶有2~3d	中枢神经系统障碍为主要表现，有头痛、头晕、乏力、失眠、精神不振、烦躁、复视、共济失调、可有恐惧表现，严重者意识障碍、昏迷、抽搐等	磷的无机化合物	呕吐物、血液、尿液	干燥洁净容器冷藏保存，如长时间运输，可冷冻（保持样品不变质）

食品安全事故常见致病因子的临床表现、潜伏期及生物标本采集要求

（续）

潜伏期	主要临床表现	致病因子	生物标本	送样保存条件（24h内）
24h 内（多数 1～3h），偶有 2～3d	鼻咽部发干、咽部充血、咳嗽、气短、胸闷、发绀、以及发热、畏寒等，严重者出现肺水肿 恶心、频繁呕吐、食欲不振、上腹部烧灼痛、腹胀、吸吐物有特殊电石气臭味，少数病例有腹泻、黄疸及肝功能异常 早期出现血压降低、休克、可见心肌损害及心律不齐 少数病人有血尿、蛋白尿、个别严重者出现少尿、急性肾功能衰竭	磷的无机化合物	呕吐物 血液 尿液	干燥洁净容器冷藏保存，如长时间运输，可冷冻（保持样品不变质）
一般为 1～3d	鼻衄、牙龈出血、皮肤瘀斑及紫癜等症状；中毒明显者可进一步出现血尿、或便血，或阴道出血、或球结膜出血等；严重者可出现消化道大出血、或颅内出血、或咯血等	抗凝血类杀鼠剂（溴敌隆、杀鼠灵、杀鼠醚、氟鼠灵以及敌鼠、氯敌鼠、杀鼠酮等）	呕吐物 胃内容物 血液	采样量 50～100g，使用具塞玻璃瓶或聚乙烯瓶密闭盛放，应冷藏保存，如长时间运输，可冷冻 采样量应 10mL 以上，使用具塞的抗凝试管盛放，应冷藏保存，如长时间运输，可冷冻

注：①Cary-Blair 运送培养基适合于肠道样本的保存运送。采集肛拭子标本时，必须使用运送培养基。采样拭子必须通入运送培养基半固体层内，以防干燥。

②Stuart 运送培养基（或 Amies 亦可）能保持需要复杂营养者的菌群的活性。采集鼻拭子标本时，必须使用运送培养基。采样拭子必须通入运送培养基半固体层内，以防干燥。

参 考 文 献

陈夏威，何伦发，郭艳，等，2015. 一起扁豆食物中毒的现场流行病学调查 [J]. 中国食品卫生杂志，27（s1）：62-65.

蒋小平，王友水，2020. 食品安全事故应急处置 [M]. 北京：人民卫生出版社.

世界卫生组织，2008. 食源性疾病暴发：调查和控制指南 [M]. 周祖木，全振东，译. 北京：人民卫生出版社.

孙长颢，2017. 营养与食品卫生学 [M]. 8 版. 北京：人民卫生出版社.

王陇德，2004. 现场流行病学理论与实践 [M]. 北京：人民卫生出版社.

韦蝶心，常利涛，郝林会，等.2018. 一起由 B 群沙门菌污染聚餐食品所致食物中毒调查分析 [J]. 中国食品卫生杂志，30（6）：659-662.

卫生部办公厅，2012. 食品安全事故流行病学调查技术指南（2012 版）[EB/OL]. [2012-6-7]. http：//www. gov. cn/gzdt/2012-06/11/content2158058. htm.

徐娇，2019. 中华人民共和国食品安全法实施条例解读（2019 年修订）[M]. 北京：中国标准出版社.

徐艳钢，符艳，李敬山，等，2014. 一起食物中毒案件的行政控制与处罚分析 [J]. 中国食品卫生杂志，26（6）：588-591.

袁杰，徐景和，2015. 中华人民共和国食品安全法释义（2015 年修订）[M]. 北京：中国民主法制出版社.

詹思延，2017. 流行病学 [M]. 8 版. 北京：人民卫生出版社.